カーボンニュートラル燃料のすべて

電動化、水素に続く第3の選択肢

アーサー・ディ・リトル・ジャパン 著

CARBON
NEUTRAL

日経BP

はじめに

　18世紀後半の産業革命以来の大変革期にあるグローバル経済の中で、デジタル化と並んで大きな変革のドライバーとなっているのが、気候変動への対応に端を発した「カーボンニュートラル（炭素中立、CN)」化の流れである。国や産業界、個別企業がそれぞれの立場から、CN実現に向けた様々な方針や目標を打ち出し、産業ごとに既存の技術やバリューチェーンを大きく変えるような変化が各所で起こり始めている。輸送部門もその例外ではなく、特にその多くを占める乗用車の領域においては、足元では世界各国で電動化の動きが当初の想定を超えるスピードで広がりつつある。

　一方で、電動化のみで輸送部門のCNを達成できるわけではない。これは、電動車のエネルギー源となる電力の発電ミックスが国によっては化石燃料にいまだに依存していることもあるがそれだけではない。すなわち、航空機や船舶、さらには陸上の中大型の産業車両などの輸送機器では、そもそも技術的に電動化が困難である。そして、そのような輸送機器は多く存在し、そこから発生する二酸化炭素（CO_2）など温暖化ガスは、乗用車からの発生量と比較しても無視できない規模となる。

　そのため、CN化に向けては、電動化以外のアプローチを含め全方位で実現手段を探る必要があるが、その際の1つのキーワードが、「燃料のCN化」である。CN燃料としては、水素やアンモニア、さらにはバイオ燃料や合成燃料（e-fuel）など多種多様な形態が提唱されている。これらは、水素利用を前提とした燃料電池を除いて、既存の内燃機関をベースにCNを実現する有力手段となり得るものであり、輸送機器メーカーからの期待が高まっている。

　半面、このCN燃料の技術・事業開発は、需要側の輸送機器メー

2

カーのみで実現できるものではない。むしろ石油会社といったエネルギー関連企業などの燃料供給側を含め、需要側と供給側が一体となった形で技術革新や社会実装を進めていく必要がある。そのような民間側での連携と並んで、各国政府による関連制度の整備や、CN実現に向けた政府方針との整合性担保、資金投入など官民をまたいだ連携も重要となってくる。また、異なるCN燃料の間でも、その原料や製造プロセスにおいて、連関性や共通性が存在しており、燃料供給のサプライチェーンをどのように一体的に整備していくか、という観点も必要となる。さらに、各国のCN化方針やエネルギー事情により、どのようなCN燃料が普及するかは国ごとに異なる。

このように数多くのステークホルダーをグローバルに巻き込みつつ、複雑な燃料供給のサプライチェーンを構築しながら、各輸送機器におけるCNを実現していくために、そのための共通理解として、第三者的な立場から、関連市場や技術に関する全容を整理し、将来に向けたシナリオを整理することには、一定の価値があると考えたことが本書執筆の動機である。

本書では、技術に対する深い洞察とグローバルな視点からの多様な市場へのネットワークを特長とするグローバル経営戦略コンサルティング会社Arthur D. Little（アーサー・ディ・リトル、ADL）の組織能力をフルに活用することで、各国における前提条件をできる限り多面的に考察し、その違いを踏まえた形でCN燃料の普及シナリオを骨太、かつできる限り詳細に描くことを目指した。そのうえで、CN化や既存の関連産業へのインパクトを評価した上で、これら変化に対する対応策についての提言を加えている。

全体を5章で構成し、CN燃料にまつわる動向を見渡している。第1章では、「CN燃料を取り巻くマクロ動向」として、各国政府や石油

会社のCN燃料に対する期待や動向を整理し、第2章では各主要CN燃料の技術開発や事業化に向けた動向を、第3章では各輸送機器側から見たCN化へのアプローチとその中でのCN燃料への期待を考察している。第4章では、これら現状理解を踏まえCN燃料普及に向けたシナリオとそれに基づく市場予測を紹介したうえで、CN燃料の社会的普及に向けた必要アクションを提言。最後の第5章では、CN燃料普及の鍵を握る各種キーパーソンへのインタビューを掲載した。

　CNを実現していくうえで日本として生かすべき強みや制約条件を踏まえると、CN燃料の普及は、自動車産業のみならず、幅広い日本の関連産業にとって、極めて重要な意味を持つと我々は確信している。特に、内燃機関を1つの差別化要素としてグローバル競争をこれまで勝ち抜いてきた日本の自動車・輸送機器産業にとって、これまで培ってきた同技術の強みを最大限生かすためにも、CN燃料の可能性を今一度徹底的に追求することは、CN実現に向けて避けて通れない道でもあろう。本書がそのための社会的な啓蒙や共通認識の醸成、それを踏まえたCN燃料の技術・事業開発と社会導入を加速させるための一助となれば幸いである。

著者を代表して
アーサー・ディ・リトル・ジャパン
マネージングパートナー
鈴木 裕人

本書は技術系Webメディア「日経クロステック」に連載した「炭素中立新時代・燃料で切り開く第3の道」（2022年8月公開開始）を一部加筆、修正してまとめたものである。各記事に登場する人物の肩書、組織名、事実関係などについては基本的には日経クロステック掲載当時のものとした。

第1章

CN燃料を
取り巻く環境

第 **1** 節

なぜ今
カーボンニュートラル
燃料か？

新型コロナショックでCN化が加速

　2019年末に中国を起点に始まった新型コロナウイルス感染症の度重なる世界的流行により、この数年、多くの企業が大きな影響を受けてきた。リモートワークの普及など行動様式も大きく変化し、DX（デジタルトランスフォーメーション）の必要性が改めて認識され、社会のあらゆる場面でその動きが加速しつつある。

　こうした世界的潮流の中で、DXと並んで脚光を浴びているのが、世界的な脱炭素もしくはカーボンニュートラル（炭素中立、CN）化のトレンドである。

　脱炭素化を目指す世界的なトレンドは、デジタル化のトレンドと同様に、今回の新型コロナショックを機に新たに生まれたものではない。「気候変動に関する国際連合枠組条約（国連気候変動枠組条約）」の締約国会議（COP）の場で過去数十年にわたり、気候変動対策の観点から議論や取り組みが続けられてきたものである。

　実際、自動車産業界では、各国がこの流れを受けて強化した燃費規制への対応などから、脱炭素に向けた漸進的な取り組みを継続してきた。2015年にドイツを起点に発生したディーゼルゲート事件は、内燃機関（ICE、特にディーゼルエンジン）に対する各種規制に拍車をかけ、欧州を中心に規制強化の動きをさらに強めた。中国では、個別の産業政策の一環として、自国の自動車産業の国際的競争力を高めるために電動車の普及を推進した。これが脱炭素化を加速させるという効果もあった。

　一方、欧州が先駆けとなる形で、今回の新型コロナショックの前後にクローズアップされてきたのがCNのトレンドである。気候変動対策を人類共通の大義と位置付け、特定の産業に閉じない形で「特定年次までのCN化の実現」という各国・地域全体の野心的な社会・産業

目標として掲げた。その上で、バックキャスティングの形で各関連産業の産業構造変化を促し、新たな産業や成長機会を生み出そうというより大掛かりな枠組みとして定義した。

この各国政府主導でのCN化の政策目標の提示を必要条件とみれば、CN化を加速させる十分条件は、新たな資金循環の拡大である。新型コロナショックに対する経済対策として金融緩和が一段と進み、それに伴い余剰マネーが世界的に増加した。そうした余剰マネーが、デジタルに続く新たな成長分野と見立てられたCN化に大量に流れ込み、新たな資金循環が拡大している。

この流れは、重層的に起こっている。各国政府側からのマクロな政策資金の投入に加え、ESG（環境、社会、ガバナンス）投資などの新たな投資先を模索する機関投資家などセミマクロ的な金融業界側の動きも出ている。

加えて、GAFAM〔米Google（グーグル）、同Amazon.com（アマゾン・ドット・コム）、SNS（交流サイト）「Facebook（フェイスブック）」の運営元である同Meta Platforms（メタ・プラットフォームズ、通称メタ）、同Apple（アップル）、同Microsoft（マイクロソフト）〕やBATH〔中国・百度（Baidu、バイドゥ）、同・アリババ集団（Alibaba Group）、同・騰訊控股（Tencent、テンセント）、同・華為技術（Huawei、ファーウェイ）〕など、デジタル経済の象徴として存在感を増すデジタル企業が、次なる投資先として再生可能エネルギーの活用や電気自動車（EV）を起点とするモビリティー産業への参入を加速させる中、産業の壁を越えたミクロな産業間の資金需要のシフトも生まれている。このため、デジタル産業の隆盛と同様に、一過性の動きではなく、今後数十年単位で続く不可逆的なトレンドとして捉えるべきであるとの見方が強まっている。

全方位で進むCN

　各国が脱炭素・CN化を推進するうえで、輸送部門はどの国において
ても、二酸化炭素（CO₂）排出量削減の重点セクターの1つとなって
いる（図1-1-1）。CN化の流れを先導する欧州、中でも英国やオラン
ダといった急進派の国を中心として、まずは台数規模の大きな四輪乗
用車を対象に、従来の排出規制や燃費規制よりもさらに一歩踏み込ん
だ、ICE車の販売禁止という手段規制を掲げる国も出てきている。ま
た、同規制への対応を後押しする手段として、ICEを持たないEVの
普及を促進すべく、EV購入時の補助金や路上への充電インフラの整
備、またEV向けの電池製造投資への投資資金支援などEVバリュー
チェーン全体への投資を官民両面から進めている。

　一方、このようなICE車のEV代替においては、ウェル・ツー・ホ

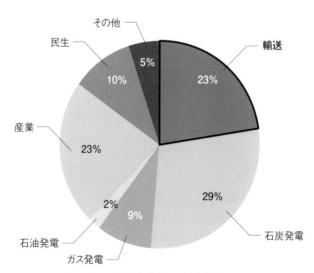

図1-1-1　世界における部門別の二酸化炭素（CO₂）排出量
（出所：International Energy Agency）

イール（油井から車輪まで）でのCN化を進めるために、その大前提として、発電源のCN化を同時に進める必要がある。欧州のように、風力発電や太陽光発電などの再生可能エネルギーの導入を大幅に進めるとか、フランスのように、原子力発電の活用を引き続き進めるなどして、発電源のCO_2排出量を大幅に減らせる発電ミックスにできれば一定の意味を持つ。だが、日本や多くの新興国のように石炭や天然ガスなどの化石燃料ベースを中心とする発電ミックスでは、CO_2削減効果は限定されてしまう。

　また、輸送機器の種類によっては、既存の車両構造と電動化技術を前提とすると、電動化が技術的に成立しにくい製品も多い。航空機や船舶などの大型の輸送機器はその分かりやすい典型例だが、それ以外の陸上の輸送機器にもそうした例はある。例えば、電池搭載スペースが限られる二輪車の場合、ICE車でも航続距離が限られる中小型のスクーターであれば技術的には成立するものの、ツーリング用途が中心で長い航続距離が要求される趣味性の高い中大型のスポーツバイクでは、航続距離が大幅に制限されてしまい、（ICE車と同等以上の使い勝手を持つ）商品としては成立し得ないというのが現状である。

　また、多くがディーゼルエンジンを搭載している中大型のトラックにおいても航続距離と荷室容量の両立は難問である。さらに、これらディーゼルエンジンの出力を車両の走行以外の作業に活用している建機・農機などの産業車両でも、現状の電池や電動モーターの性能では、求められる出力（トルク）や連続稼働時間の実現が難しい。

　このように電動化に関しては、四輪乗用車の電動化に見られる商品コストとしての成立性という課題に達する以前に、技術的な成立性がボトルネックとなって先に進めない輸送機器も多く存在している。そうした輸送機器市場は、新車販売市場としての台数や金額の規模が小さいため、四輪乗用車の市場と比較してニッチでフラグメント（断

片）化した市場とみられがちである。

　しかし、CO₂排出量の観点から見ると、これらの輸送機器によるインパクトは決して小さくない。燃料消費量から見たCO₂排出量の観点から言えば、四輪乗用車およびピックアップトラックやバンなどの小型商用車（LCV）と、それ以外の電動化が難しい二輪、中大型トラック・バス、建機、農機からの排出量は、ほぼ同等なのである（図1-1-2）。

　電動化が難しい輸送機器におけるCN化の手段として、従来注目されてきたのが水素をエネルギーキャリアーとする燃料電池車（FCV）である。特に、トヨタ自動車を中心に日本企業がその商品化で先行した四輪乗用車やバスなど一部のアプリケーションでは、技術的成立性は証明されつつある。後はコスト低減と水素供給インフラの整備とい

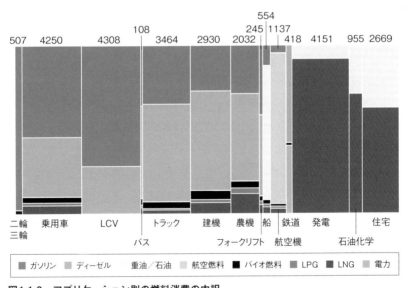

図1-1-2　アプリケーション別の燃料消費の内訳
2018年のデータ。単位は百万バレル。LPGは液化石油ガス、LNGは液化天然ガスのこと。（出所：International Energy Agency、ドイツMRUのデータを基にADLが推計した）

う事業的な成立性に、ボトルネックが移行しつつある。

　ただし、欧州や中国を中心に電動車が世界的な主流になりつつある中で、特にインフラ整備の点では膨大なインフラ投資がかかるFCVの普及に大きく舵を切るのは、一国・一企業の判断ではなかなか難しい。また、EV化が難しいとされる二輪車や産業車両などでは、EV化におけるバッテリーと同様に水素タンクの搭載においても、やはり技術的成立性が課題となる。

　以上のような観点から、輸送部門全体としてのCN化を進めるためには、EV化、FCV化（水素活用）とは別のCN化の手段が求められる。特に「既存のICEを活用しながら、利用する燃料をCN化する」という逆転の発想も重要となる。このような背景から最近改めて注目を集めているのが、バイオ燃料や合成燃料（e-fuel）などのCN燃料である。

多様なCN燃料が存在

　輸送部門における全方位でのCN化実現に向けたEV化、FCV化（水素活用）に続く第3の選択肢としてのCN燃料だが、実際にはその物質（エネルギーキャリアー）や製造方法などで様々な種類が存在・提唱されている（図1-1-3）。

　CN燃料を考えるうえで1つ重要なのは、水素の位置付けである。水素については、燃料電池（FC）やICEによる直接燃焼（水素エンジン）など、水素単独でもエネルギーキャリアーとしての活用が検討されている。だが、それだけでなく、輸送性や安全性などの観点から他の物質に変換・合成する形での輸送・活用の可能性も検討されている。

　特に、現状で有望視されている水素を原料としたCN燃料が、アン

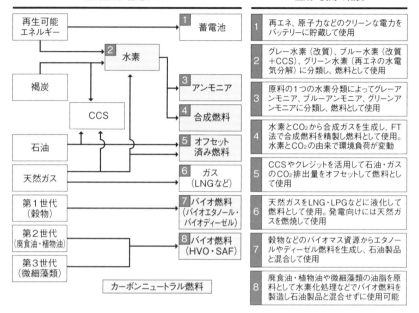

燃料生成・蓄電フロー

	生成・使用の概要
1	再エネ、原子力などのクリーンな電力をバッテリーに貯蔵して使用
2	グレー水素（改質）、ブルー水素（改質＋CCS）、グリーン水素（再エネの水電気分解）に分類し、燃料として使用
3	原料の1つの水素分類によってグレーアンモニア、ブルーアンモニア、グリーンアンモニアに分類し、燃料として使用
4	水素とCO_2から合成ガスを生成し、FT法で合成燃料を精製し燃料として使用。水素とCO_2の由来で環境負荷が変動
5	CCSやクレジットを活用して石油・ガスのCO_2排出量をオフセットして燃料として使用
6	天然ガスをLNG・LPGなどに液化して燃料として使用。発電向けには天然ガスを燃焼して使用
7	穀物などのバイオマス資源からエタノールやディーゼル燃料を生成し、石油製品と混合して使用
8	廃食油・植物油や微細藻類の油脂を原料として水素化処理などでバイオ燃料を製造し石油製品と混合せずに使用可能

図1-1-3　カーボンニュートラル（CN）燃料の定義
水色で示したものが、CN燃料。CCSとは、Carbon dioxide Capture and Storageの略であり、二酸化炭素の回収・貯留を意味する。FT法とは、フィッシャー・トロプシュ法のこと。（出所：ADL）

モニアと合成燃料である。このうち、アンモニアに関しては、現状では特に火力発電での混焼発電用などで有望視されており、発電用途向け燃料としての用途開拓が先行的に進みつつある。

　これに対して、輸送機器向けのCN燃料として有望視されているのが、合成燃料である。合成燃料には、ガソリン代替の「e-gasoline」、ディーゼル燃料（軽油）代替の「e-diesel」、液化石油ガス（LPG）／液化天然ガス（LNG）など代替の「e-gas」などがあるが、おおむね輸送機器用の燃料としての利用が想定されている。

　また、合成燃料は水素とCO_2から合成されるという意味で、水素の活用先の1つにもなっており、水素と表裏一体の関係にある。そして、

　見逃してはならないのは、これら合成燃料がCN燃料と言えるかどうかは、その原料である水素とCO$_2$の製造方法に依存するという点である。

　CN燃料として、もう1つ注目を集めているのが、自然物から合成するバイオ燃料である。バイオ燃料も幾つかの世代に分かれており、第1世代と呼ばれるのがトウモロコシやサトウキビなどの穀物を原料に造られるバイオエタノールやバイオディーゼルである。これらは原則として石油製品と混合して使用される。

　これに対して、廃食油・植物油・植物残さ（第2世代）や微細藻類（第3世代）を原料に製造されるHVO（Hydrotreated Vegetable Oil、水素化分解油）やSAF（Sustainable Aviation Fuel、持続可能な航空燃料）は、原料の油脂を水素化処理するなどして製造し、石油製品と混合せずに使用可能である。これらバイオ燃料は、植物由来の原料を使用して製造されるため、その定義からしてすべてCN燃料と認定される。足元では航空用途などを中心にその需要が立ち上がりつつある。

　以上の合成燃料やバイオ燃料は、その原料と製造方法から燃料としてのCN性をうたっている。だが、実はCN燃料の中には、排出権取引で購入したCO$_2$クレジットを付与することで、化石燃料ベースの既存燃料でありながら燃料ユーザーに対するCN性を担保した燃料が存在する。カーボンオフセット済みの燃料として知られているが、炭素循環モデルとしての中長期的な持続可能性を考えると、CN燃料の主流は、合成燃料やバイオ燃料になっていく可能性が高い。

日本にとってのCN燃料の重要性

　世界的に注目を集めているCN燃料だが、特に日本にとってはその

重要性は高いとみられる。その理由は、4つ考えられる（**図1-1-4**）。

　まずは、ICEの技術力の高さである。バイオ燃料、合成燃料などのCN燃料では、既存のICEをそのまま、もしくは一部改良して活用することを前提としている。ガソリンエンジン、ディーゼルエンジンの技術力に関しては、日本はドイツと並び世界的に見ても最高水準にあり、このICEにおける競争優位を維持しながら、CN化を実現するための手段として、CN燃料の普及は非常に重要かつ有用である。

　2つ目は、輸送機器の中でも、EV化やFCによるICE代替が技術的に困難なアプリケーションにおいて、日本の機器メーカーの競争力が高いという点である。前に述べたように、この観点で特にCN燃料活用の必要性が高いのは、四輪乗用車よりも、むしろ（中大型）二輪車や中大型トラック、建機・農機・フォークリフトなどの産業用車両である。これらニッチな市場領域においてもグローバルに高い競争力を有するメーカーが日本には数多く存在している。

ICEの技術力の高さ	・ガソリンエンジン、ディーゼルエンジンの技術力に関しては、ドイツと並び世界的に見ても最高水準
電動化が技術的に困難な用途における日本メーカーの競争力の高さ	・（中大型）二輪車や中大型トラック、建機・農機といった産業用車両など電動化が技術的に成立しにくいニッチな市場領域において世界的に高い競争力を有するメーカーが数多く存在
カーボンフリーなエネルギーの調達性	・再生可能エネルギーの発電に適したエリアに限界があり、少なくとも現在のエネルギー使用量を地産地消での再生可能エネルギーのみで充足することが困難
水素バリューチェーン形成における先行性	・（合成燃料の原料となる）水素バリューチェーンの構築に向けて、他国に先駆けて既に積極的な取り組みが存在

図1-1-4　日本におけるCN燃料の重要性
（出所：ADL）

　日本の産業競争力の観点から見ても、これらの産業でCN化をどう進めるかは非常に重要である。製品の視点からはフラグメント（断片）化が進む領域でもあるが、現状の燃料消費量で見れば、乗用車と同規模の燃料を消費しており、その観点でもCN化の重要性は高い。

　3つ目は、再生可能エネルギーの調達性である。風力発電や太陽光発電などの再生可能エネルギーは本来地産地消型での活用が理想とされる。だが、日本においては、これらの再生可能エネルギーの発電に適したエリアは少なく、海外と比較して発電コストも高く、少なくとも現在のエネルギー使用量を地産地消での再生可能エネルギーのみで充足することはかなり難しい。このため、CN化を実現するためのエネルギーについても、結局は海外からの輸入に一定程度は頼らざるを得ない構造は変わらない。

　その前提に立つと、どのようなカーボンフリーなエネルギー源をどういう形態で輸入し活用するのが最も効率が良いか、という観点での議論が必要となる。既存の化石燃料ベースのサプライチェーンを活用できるという意味では、CN燃料には一定の優位性が存在し得るのだ。

　4つ目は、3つ目とも関連するが、カーボンフリーなエネルギーキャリアーとして日本では水素バリューチェーンの構築に既に積極的な取り組みが見られることである。この水素は、特に合成燃料の原料にもなるものであり、水素バリューチェーンの構築が進みその調達コストが下がれば合成燃料のコスト低減にも直結する。

　その意味で、水素と合成燃料に関しては、競合関係にあるというよりも補完的な関係となり、水素と合成燃料を一体としたバリューチェーンの形成を進めることで優位性を持ち得るという観点でも、日本においてその重要性が高い。

　以上のような背景から、日本としても、CN燃料の普及・促進を進めていくことが産業政策的にも極めて重要になってきている。本書で

は、このようなCN燃料をテーマに、俯瞰的にその動向や普及予測を
整理していく。

　始めに、マクロな視点から各国政府のCN方針におけるCN燃料の
位置付けと、その供給において鍵となる石油メジャー各社のCN燃料
への取り組み方針を整理する。次に、技術・事業的な観点から、技
術・方式分類ごとにCN燃料市場の動向と用途別のCN動向を整理す
る。そのうえで、CN燃料普及に向けた複数のシナリオを提示し、普
及に向けたボトルネックを紹介するとともに、その打開に向けて日本
として必要とされるアクションを提言していきたい。

第 2 節

CN化方針の裏に潜む
各国の事情と思惑とは

カーボンニュートラル（炭素中立、CN）を目指す世界的な潮流の中で、その実現手段として注目を集めつつあるCN燃料。本節では、その普及動向を占う上で理解が不可欠な各国政府のCN政策へのスタンスや取り組みの方針、さらには輸送領域における削減方針、およびその手段としてのバイオ燃料などのCN燃料の位置付けについて、見渡してみたい。

各国のCN化方針と背景

　近年の世界的なCN化加速の1つの起点となっているのが、過去数年ほどの間に各国政府が競うように掲げた時限付きのCN化目標である。これらの目標は、国際連合（UN）の「気候変動に関する国際連

	カーボンニュートラル（CN）に向けた取り組み姿勢	CNに向けた公的資金投入状況
日本	■ 2050年カーボンニュートラル宣言。具体的な政策も公表 ■ モビリティーに限らず様々な部門で脱炭素化に貢献する技術と位置付け、「水素社会」の実現に言及	■ 10年間で2兆円のCN基金を造成（2021年11月時点）
米国	■ 民主党は気候変動の課題を最重要政策の1つに位置付け ■ バイデン政権は、35年の電力脱炭素の達成、2050年以前のネット排出ゼロや、クリーンエネルギーなどのインフラに巨額投資する計画を発表	■ 4年間で200兆円を脱炭素分野（EV普及、エネルギー技術開発など）に投資計画
欧州	■ 2020年3月に長期戦略を提出。「2050年までに気候中立（Climate Neutrality）達成」を目指す ■ CO₂削減目標を2030年に1990年比少なくとも55％削減することを表明 ■ 総額1.8兆ユーロ規模の次期中期予算枠組み（MFF）およびリカバリーファンドに合意。予算総額の30％（復興基金の37％）を気候変動に充当	■ 10年間で120兆円のグリーンディール投資計画
中国	■ 2020年9月の国際連合総会一般討論演説で、習近平は2060年カーボンニュートラルを目指すと表明 ■ EVやFCVなどの脱炭素技術の産業育成に注力、2020年の新エネルギー車の補助金予算は4500億円程度	■ 未発表（2060年CN宣言後にロードマップや戦略は未発表）

表1-2-1　主要先進国におけるカーボンニュートラル（CN）化への目標と取り組み
EVは電気自動車、FCVは燃料電池車。（出所：各種公開情報を基にADLが作成）

合枠組条約（国連気候変動枠組条約）」の締約国会議（COP）を主な舞台に提示された（**表1-2-1**）。

　先陣を切ったのは、欧州連合（EU）である。EUは、2020年3月に策定した長期戦略の中で、2050年までの気候中立（Climate Neutrality）を目標として掲げた。

　これに倣ったのが日本と米国である。2050年までのCN化を宣言した。主要先進国が足並みをそろえたことで、2050年がCN実現に向けた1つのターゲットとなった。EUや米国は、この実現に向けて100兆〜200兆円規模の公的資金をCN化のための技術開発などに投資することを発表している。

　一方で、中国に代表される新興国は、当面は経済成長を重視するため、先進国と同様のペースでCN化を実現することは困難とのスタンスを取る。中国がCN化の目標時期を2060年としているように、より長い時間軸でのCN化を目指す国が多数を占める。

　各国のCN化への方針に違いを生じさせるもう1つの要素が、二酸化炭素（CO_2）排出量に占めるセクター別の比率である（**図1-2-1**）。CN化の実現のためには、現状でCO_2排出比率の大きな産業セクターに向けた対策を優先する必要がある。ここで特に注目したいのは輸送部門の位置付けである。当然国ごとに特徴は異なるものの、概して欧米先進国はCO_2排出量に占める輸送部門の比率が高くなっている。

　一方、日本や中国などは、輸送部門によるCO_2排出量の比率は相対的に大きくなく、むしろ発電や産業セクターの比率が高い。これら非輸送セクターにおけるCO_2削減の方が、優先順位が高いといえる。

　このような各国のセクター別のCO_2排出量比率に大きく影響を与えている1つの要素が、各国の電源構成の違いである（**図1-2-2**）。相対的に輸送部門からのCO_2排出量が多くなっている欧米諸国では、各種再生可能エネルギー（RE）の活用や原子力などのCNな電源の比率が

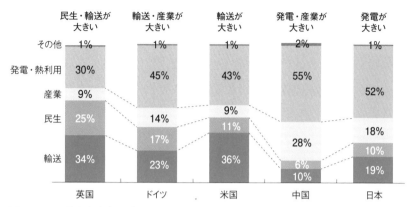

図1-2-1 二酸化炭素（CO$_2$）排出量における各国のセクター別比率
（出所：International Energy Agency）

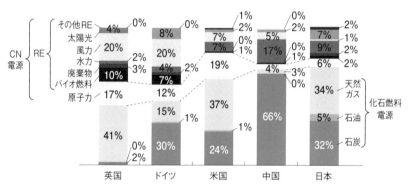

図1-2-2 主要国における電源構成とその変化（予測）
REは再生可能エネルギー。（出所：International Energy Agency）

高くなっている。また、化石燃料ベースの発電の中でも、特に英国や米国では相対的にCO$_2$排出量が少ない天然ガス発電の比率が高くなっている。

　これに対して日本や中国では、電源構成全体に占めるREの比率がまだ限定的である。加えて、日本では、以前は比率の高かった原子力も東京電力福島第一原発の事故以降は比率が下がっている。中国も原

子力については建設途上にあり、現状では比率は大きくない。さらに、化石燃料ベースの発電においても、日本や中国ではCO_2排出量が多い石炭発電が、重要なベースロード電源となっており、その比率が高止まりしていることも特徴である。

　これら発電部門における電源構成の比率の違いは、発電部門におけるCO_2削減余地の大きさに直接的につながっている。また、間接的には、輸送部門における電動化がどの程度CO_2削減に直結するかにも関係している。電動化は電力需要を増大させるとみられ、結果として国ごとのCO_2削減における電動化の有効性にもつながっているのだ。輸送部門におけるCO_2削減の重要性が高ければ、電動化に有利な電源構成に移行する必要がある。

国ごとに異なるCN化へのロードマップ

　CN化実現に向けた各国の取り組みは、前述したようなCN化目標やセクター別CO_2排出比率、電源構成といった要素に加えて、国ごとに固有な様々な事情にも左右されている。従って実際の取り組みの背景にある国ごとの思惑やメカニズムを正しく読み解くことが重要となる。ここでは主要国に絞って、CN化への取り組みの背景やその推進に当たっての大方針について整理してみたい。

　まずCN化のトレンドをけん引する欧米とその文化的・経済的な影響を強く受ける中南米やオセアニアの主要国の状況を整理する（**表1-2-2**）。世界的なCN化の流れをつくり出している欧州では、気候変動に関心が高い若年層を中心に世論形成が進みつつある。そうした中で、特に新型コロナショック以前から続く長期的な低成長の打破と、新型コロナショックからの経済回復の起爆剤としての効果を狙って、CN対応を今後の産業復興の柱に据えるとの産業政策的な意図が大き

	GHG削減に取り組む意義	国の特徴	GHG削減目標値
EU	・気候変動への懸念、持続可能な発展に対する価値観への共感 ・欧州を中心とした産業復興	・国により異なる地理的条件・電源構成を持つ ・各種原料調達のポテンシャルが限定的	・2050年：CN宣言
米国	・気候への懸念、世界のリーダーとしての責任、環境問題への国民の支持の主に3点 ・ESG観点からの民間企業の取り組みも加速	・バイオ燃料原材料の生産大国 ・CCS貯留に適した土地	・2050年：CN宣言
ブラジル	・環境問題への関心の高さによる内部圧力 ・輸出大国としての海外からの商業的圧力	・バイオ燃料原材料の生産大国 ・GHG排出の大半は農業・森林 ・発電構成の83%が水力発電	・2030年：2005年比45%減 ・2060年：CN宣言
チリ	・自国のエネルギーセキュリティーの向上 ・グリーン水素製造国家としての新しい産業の勃興	・エネルギー輸入依存度が高い ・RE発電に適した土地 ・グリーン水素の輸出大国になると宣言	・2030年：2007年比30%減 ・2050年：CN宣言
オーストラリア	・基幹産業である資源（特に石炭）産業のCN化推進	・水素の輸出大国になると宣言 ・CO_2の貯留に適した土地	・2030年：2005年比28%減 ・2050年：各州政府がCN宣言

表1-2-2　主要国における温暖化ガス（GHG）削減への取り組み
アジア諸国を除く。ESGは環境、社会、ガバナンス、CCSは二酸化炭素回収・貯留、LNGは液化天然ガスのこと。（出所：ADL）

く作用している。

　一方、電源構成は国単位で見るとそれぞれ異なるものの、スペインなど南欧中心に導入が進む太陽光発電や北海周辺での洋上風力発電などに加え、フランスを中心に原子力も一定のシェアを持つ。もともと輸入に頼ってきたエネルギーの自給率向上というエネルギー政策的な要請への対応も含め、電源のCN化や地産地消化が相対的に進みつつある。

　これに対して米国では、2020年の大統領選挙によりバイデン大統領率いる民主党が政権を奪還したことで、世界的な気候変動に対する危機感や国際協調の中でリーダーシップを取っていこうという機運が再び高まっている。これが、2050年のCN化宣言につながったとみる

GHG 削減方針	RE 導入目標
・電力分野：REの積極的な導入 ・輸送分野：電動化、バイオ燃料、水素燃料 ・産業分野：RE活用、CCS活用	・2030年：RE比率65％
・電力分野：2035年までのREによるカーボンフリー化 ・輸送分野：電動化、バイオ燃料、水素燃料 ・産業分野・発電分野：CCS推進、プロセス改善	・2035年：カーボンフリーの電力達成
・農業・森林部門のGHG排出が大半を占めるため、アマゾンの森林伐採削減および生産性向上がメイン	・既に8割弱だがLNG割合増やす見込み
・REと、RE由来のグリーン水素が国家の一大戦略	・2030年：70％ ・2050年：95％
・REの導入および水素が国家の一大戦略	・積極導入予定

向きが多い。

　さらに、米国において見逃してはならないのは、1つは、特に民主党が強いリベラル州を中心に広まる環境や気候変動問題に対する国民からの草の根的な支持である。もう1つは、ESG（環境、社会、ガバナンス）への取り組みの強化を求める投資家側からの圧力に敏感なGAFAM〔米Google（グーグル）、同Amazon.com（アマゾン・ドット・コム）、旧・同Facebookである同Meta Platforms（メタ・プラットフォームズ、通称メタ）、同Apple（アップル）、同Microsoft（マイクロソフト）〕などの大手企業による使用電力のRE化やCN化の取り組み強化である。これらは、政治的なドライバーの土壌として機能している。

　また電源構成の観点でも、2000年代初頭からのシェール革命以降、

化石燃料ベースの発電においては石炭から天然ガスへのシフトが進んでいる。さらに、広大な国土や農業生産を活用して太陽光発電やバイオ燃料を導入するなど、エネルギー源についてもCN化が進みつつある。米国では、これらの動きも考慮に入れておく必要がある。

より特徴的な背景と動きを見せているのが、ブラジル、チリ、オーストラリアである。ブラジルの場合、もともとアマゾン川流域に豊富に存在する水源を活用した水力発電が電源の83％を占めている。また、サトウキビなどをベースにしたバイオ燃料（バイオエタノール）の普及が世界で最も進むなどCN化とエネルギーの自給化においては極めて特徴的な側面を持つ。加えて、ブラジルにおけるCO_2排出源としても農業・林業が大半を占めるため、CN化に向けた取り組みとしてはむしろアマゾンの森林伐採削減および生産性向上が重要である。

これに対して、同じ南米でも対照的なのがチリである。チリの場合、これまではエネルギーの自給率が低いことが課題だった。だが、その地形上、海岸線と平行して走る山脈、アタカマ砂漠の存在により、風力と太陽光発電のポテンシャルが非常に高い。REへの投資額が中南米域内でもかなり高くなっている。このため、チリ政府としても、これらREを輸出可能な形に変換して産業化するために、グリーン水素製造などの新しい産業の育成を目指している。

CN時代に向けてチリに似た国家戦略を掲げているのがオーストラリアだ。オーストラリアの場合、太陽光を中心としたREからのグリーン水素に加え、これまでの基幹産業である石炭（特に褐炭）においてCO_2回収・貯留（CCS）を組み合わせたブルー水素製造も含めた形での水素の輸出産業化を目指している。

これに対して日本を含めたアジア諸国で、マレーシアなど一部の国を除き主要国に共通するのが、多くの人口や産業集積を抱える中で、エネルギー源を輸入に頼っているという点である（表1-2-3）。また、

その人口動態や経済水準からも大半の国が今後しばらくは経済成長が持続できる、もしくは持続せざるを得ない状況にあり、エネルギーの安全保障や経済成長との両立がCN化を進めるうえでの共通の課題となっている。

この中でも特に日本は、福島第一原発の事故以降、ベースロードの電源として従来は積極的に導入を進めてきた原子力発電に強い反対論が巻き起こっている。加えて、日本の場合、地形的にもRE導入を最大限進めても国内の電力需要を賄うには十分ではないため、エネルギー輸入超過の構図が続く前提でCN化の道筋を考えていく必要がある。

一方、世界最大のGHG（Greenhouse Gas、温暖化ガス）排出国でもある中国は従来、自国内に豊富に存在する石炭をエネルギー源のベースに据えて、経済成長を実現してきた。ただ、中国の場合、米国との関係性から、欧州とは一定程度歩調を合わせる必要がある地政学的なポジションにある。そのうえ、太陽光発電や風力発電、さらには電動車などの領域で垂直統合的に自国の新産業創出と貿易収支改善を図りたいというもくろみもあり、近年はCN関連領域での産業育成にも全方位的に注力している。

近く中国を抜いて世界最大の人口大国となるインドについても、当面は経済成長を重視せざるを得ない。CN化達成は2065〜2070年ごろに後ろ倒ししたうえで、短期的には国内での太陽光を中心としたRE導入と将来的には（RE由来の）水素導入を視野に入れている。

各国独自の産業構造を持つ東南アジア諸国も、自国の経済発展水準や産業・エネルギー構造に合わせて独自のCN化の道を探っている状態にある。特にREの導入に加えて共通に見られるのは、自国で産出可能な原料に基づくバイオ燃料を活用するといった方針である。また、マレーシアやインドネシアなどの石油・天然ガス生産国においては、CCSの導入にも注目が集まっている。

	GHG 削減に取り組む意義	国の特徴	GHG 削減目標値
日本	・自国生産のエネルギー確保と国際協調が主目的	・エネルギーを輸入に依存 ・震災により原子力発電が停止 ・地形的にRE導入量にも限界（≒REによる化石燃料ベースの発電の代替は困難）	・2030年：2013年比46%減 ・2050年：CN宣言
中国	・欧州の環境政策への配慮（米国との関係を考慮し、欧州へ接近） ・自国の産業推進、競争力向上	・石炭埋蔵量は世界有数 ・最大のGHG排出国 ・近年RE比率が大幅に増加 ・CCSの活用余地が限定的	・2030年：ピークアウト ・2060年：CN宣言
インド	・2070年にネットゼロエミッションを宣言 ・しばらくは経済成長を優先	・サトウキビの生産大国であるが人口の多さに対しバイオエタノールの原材料が不足 ・RE由来の水素製造に注力	・2030年：2005年GDP比35%減（専門家は2070年ごろにCNと予測）
マレーシア	・2050年にカーボンニュートラルを宣言 ・供給国としてグリーンエネルギー利活用による成長が目的	・ガス田が多く存在し、CCSにも注目 ・パーム油はインドネシアに次ぐ世界第2位の生産大国	・2030年：2005年GDP比35%減（無条件）45%減（条件付き） ・2050年：CN宣言
タイ	・2050年カーボンニュートラル、2065年ネットゼロエミッションを宣言 ・しばらくは経済成長を優先	・サトウキビとキャッサバの輸出大国 ・バイオ燃料の小売価格がガソリンより安い	・2030年：BAU比20%減（無条件）25%減（条件付き） ・2070年：CN目指す政策を盛り込む
インドネシア	・2060年にネットゼロエミッションを宣言 ・しばらくは経済成長を優先	・森林伐採由来GHG排出が多い ・石油・天然ガスの生産国でCCSへの注目高い ・パーム油の生産大国 ・バッテリー原材料の埋蔵国	・2030年：BAU比29%減（無条件）41%減（条件付き） ・2060年：CN宣言
ベトナム	・2050年にカーボンニュートラルを宣言 ・しばらくは経済成長を優先	・GHGの排出源は主に電力部門、そのうち石炭、天然ガスが大半の消費を占める	・2030年：BAU比9%減（無条件）27%減（条件付き） ・専門家は2050〜2080年ごろにCNと推測

表1-2-3 日本を含むアジアの主要国における温暖化ガス（GHG）削減への取り組み
BAUとはBusiness-As-Usualの略で、対策を施さずに現状を維持した場合を指す。（出所：ADL）

輸送部門のCN化にも国ごとに違い

これまで紹介してきたCN化に向けた全体方針を踏まえて、各国が輸送部門においてどのようなCN化のアプローチを重視しているかを見てみたい（**表1-2-4**）。まず欧州では、CO_2排出量に対する輸送部門の比率の高さから、輸送部門のCN化の優先順位が高い。

GHG 削減方針	RE 導入目標
・まずは原子力発電で、最終的にはRE＋水素が絵姿 ・つなぎとして一部バイオ燃料の導入も存在	・2030年：24% ・2050年：60% （改定可能性あり）
・風力発電・太陽光発電の発電設備容量を12億kW以上に増強 ・非化石エネルギーが1次エネルギー消費に占める割合を約25％に向上	・5カ年計画で検討（長期の公式目標なし）
・REの積極的導入および、輸送部門での電動化および長期的にはRE由来の水素使用が基本方針	・2030年：53% ・2050年：62% ・2070年：85%
・REの積極導入（ただし、2025年に31％導入と低い。さらに長期目標はなし） ・バイオ燃料の促進	・2025年：31%（長期目標なし）
・バイオ燃料を主軸に削減予定 ・RE導入目標は2037年に30％と低い。さらに長期目標はなし	・2037年：30%（長期目標なし）
・森林伐採量の削減 ・RE割合の向上（ただし目標は2050年で43％と低い） ・バイオ燃料の促進 ・発電・産業部門でのCCSの導入	・2050年：43%
・2030年にRE46%、2031〜2045年に同53%と東南アジア諸国連合の中では高い目標設定 ・発電部門：REへの移行 ・産業部門：エネルギー効率向上	・2030年：46% ・2031〜2045年：53%

　足元では英国など一部の先進国を中心に内燃機関（ICE）車の販売禁止などの規制という形でCN化を強力に推進しようという動きがある。一方でその実現手段としては、電動化に焦点が当たりつつあるようにも見える。だが実際には、水素や合成燃料などにも全方位的に取り組んでいる。特に水素については、REの生産地と消費地が離れている中、脆弱な送電網を補完するエネルギー輸送手段としても、また

		2030	2050	輸送部門の削減方針	電動化への方針
EU	電動化	✓✓	✓✓	・電動化、水素燃料、バイオ燃料の全方位で取り組み	・2030年:乗用車、LCV販売の70%をZEV ・2035年:乗用車、LCV販売のZEV化
	水素	✓✓	✓✓		
	バイオ	✓✓	✓✓		
米国	電動化	✓	✓✓	・電動化メインで短期はバイオ燃料、長期は水素で補完 ・CCSのポテンシャルも秘めるため、合成燃料も今後普及の可能性あり	・2030年:新車販売の5割 ・2050年:カリフォルニア州:トラックバスなど中型・大型新車販売100%ZEV
	水素	✓	✓✓		
	バイオ	✓✓	✓		
ブラジル	電動化	✓	✓	・バイオ燃料の普及で先行 ・今後は電動化も見据えるがコスト次第	・電動化への動きも見られるもコストが高く市場への普及は限定的
	水素				
	バイオ	✓✓	✓✓		
チリ	電動化	✓✓	✓✓	・電動化と水素燃料が一番の主要な取り組み ・タクシー・自家用車・公共交通バスの大半のEV化を目指す	・2040年:都市部公共交通バス100% ・2050年:タクシー100%、自家用車58%
	水素	✓	✓✓		
	バイオ				
オーストラリア	電動化	✓	✓	・水素燃料が一番の主要な取り組み ・合成燃料も今後一定のポテンシャルあり	・2030年:EV・FCVが小型車の7% ・国内大型鉄道路線の完全電化 ・ただしEVへのインセンティブは現状ない見込み
	水素	✓	✓✓		
	バイオ				

表1-2-4　輸送部門におけるCN化の国別重視ポイント（アジア諸国除く）
LCVはLight Commercial Vehiclesの略で、小型商用車のこと。 ZEVはZero Emission Vehicleの略で、排ガスゼロ車のこと。ここではEVはハイブリッド車を含んだ電動車全般を指す。 Bxx（xxは2桁の数字）はxx%のバイオディーゼルを混合した軽油。Exxはxx%のバイオエタノールを混合したガソリン。（出所：ADL）

電動化が難しい高出力の産業用車両向けのCN化手段としても重視されている。

　これに対して米国は、エネルギーソースの観点からより様々な選択肢を持ち得る。しかし、具体的な手段検討はまだ緒に就いたばかりといえる。既に打ち出している電動化以外の選択肢として、短期的には既に普及しているバイオエタノールを含めたバイオ燃料や、長期的にはCCSのポテンシャルを踏まえた水素活用や合成燃料活用なども視野に入れているもようだ。

　自国のエネルギー資源を踏まえて特徴的な方針を掲げるのが、ブラ

	水素への方針	バイオ燃料への方針	その他燃料の可能性
	・2025〜2030年：40GW以上の電解装置を設置 ・2031〜2050年：RE電力の25%を水素に活用	・既に第1世代は普及しているものの、導入上限を設定 ・第2、3世代を中心に推進	・天然ガス、オフセット燃料を短中期的な政策として推進
	・2030年：技術開発段階 ・2050年：水素はCN液体燃料の中で最も有望	・電動化が難しい用途が対象 ・既に第1世代が普及 ・カリフォルニア州ではバイオディーゼル第2世代が普及済み	・多くのCCSプロジェクトが存在しCCSや合成燃料は他国よりポテンシャルが高い
	・注力せず	・国内でかなり普及済み ・E27、B13の混合義務が存在 ・2023年にB15に引き上げ予定	未公開
	・グリーン水素輸出大国になると宣言（RE割合2050年95%とかなり高い）	注力せず	・グリーン水素プロジェクト内でメタノールと合成燃料に言及
	・水素輸出大国になると宣言 ・ブルー・グリーン水素：いずれも輸出の可能性あり	注力せず	・多くのCCSプロジェクトが存在しCCSや合成燃料は他国よりポテンシャルが高い

✓✓　主要代替燃料と位置付け
✓　代替燃料候補として検討

ジル、チリ、オーストラリアである。ブラジルは、輸送部門のCO_2排出比率が必ずしも高くない。このため、既に普及が進むバイオ燃料の活用が基本で、電動化には必ずしも積極的ではない。「RE拡大＋グリーン水素輸出大国化」を目指すチリは、自国内でも積極的に電動化を進める方針で、グリーン水素を活用した合成燃料製造も視野に入れている。オーストラリアに関しては、水素はブルー／グリーンの両方に可能性があり、その派生としての合成燃料にも注力する方針を示している。

　アジア諸国はどうか（**表1-2-5**）。日本は現状では、電動化と水素の

		2030	2050	輸送部門の削減方針	電動化への方針
日本	電動化	✓✓	✓✓	・電動化＋水素が基本	・2035年：乗用車販売100%EV ・2040年：トラックなど小型商用車の販売100%（※合成燃料などの脱炭素手段も含む）
	水素	✓	✓✓		
	バイオ	✓			
中国	電動化	✓✓	✓✓	・電動化＋水素を中心に推進 ・大型輸送分野では天然ガス・水素活用を想定	・2035年：販売の50%をNEV、燃料電池車の保有台数を約100万台、商用車は水素動力にシフト
	水素	✓✓	✓✓		
	バイオ	✓	✓		
インド	電動化	✓	✓	・電動化（＋バイオ）→長期的にはグリーン水素にシフト	・2030年：2Wを30%、3Wを70%、バスを25〜40%電動化、鉄道CN ・2050年：乗用車の販売台数のうちEV割合75%目標
	水素		✓✓		
	バイオ	✓			
マレーシア	電動化	✓	✓	・バイオディーゼルの積極導入	・2030年：乗用車EV比率15%、公用車50%
	水素		✓		
	バイオ	✓✓	✓✓		
タイ	電動化	✓	✓✓	・バイオ燃料＋電動化	・域内EV生産ハブを目指す ・2030年：乗用車生産の30%ZEV ・2035年：乗用車生産の50%ZEV
	水素				
	バイオ	✓✓	✓✓		
インドネシア	電動化	✓	✓✓	・バイオディーゼル＋電動化	・域内EV生産ハブを目指す ・2030年：EV販売台数を四輪車で60万台、二輪車245万台に ・2050年以降：乗用車、二輪車100%EV
	水素		✓		
	バイオ	✓✓	✓✓		
ベトナム	電動化		✓	・バイオ燃料への転換（ただし、バイオ燃料の有効性は国内でも懐疑的） ・公共交通機関の利用促進	・2030年まで：目標設定なし ・2030〜2050年：既存の内燃機関車とEVの「共存」を目指すシナリオ
	水素		✓		
	バイオ	✓	✓		

表1-2-5　アジア諸国の輸送部門におけるCN化の国別重視ポイント
NEVはNew Energy Vehicle（新エネルギー車）のこと。ここでは、2Wは二輪車、3Wは三輪車、EVはハイブリッド車を含んだ電動車全般を指す。 Petronasは、マレーシア国営の石油・ガス供給事業者Petroliam Nasional Berhadを指す。（出所：ADL）

	水素への方針	バイオ燃料への方針	その他燃料の可能性
	・長期的には水素に最注力 ・ブルー水素の輸入および国内のグリーン水素製造が調達方針	・水素技術が確立するまでのつなぎとして活用の可能性（CN実現に向けたロードマップ項目には言及なし）	・ロードマップには合成燃料などの言及あり
	・「第14次5年計画および2035年長期目標綱要」で水素を重要な代替燃料と位置付け（RE、天然ガスとの併用を前提）	・第1世代の製造方法は成熟しているが、食料価格の高騰などにより第1世代の調達ポテンシャルは限定的と位置付け	未公表
	・2070年：グリーン水素を水素総需要の80%に ・REコストが安く**グリーン水素のポテンシャルが高い**（新興国中ではRE目標値高い）	・2050年：液体燃料のうち、バイオ燃料を9%に ・B20が目標だが、原材料調達が困難（第1世代は原材料調達が厳しく第2世代に期待）	未公表
	・ブルー・グリーン水素どちらも国営企業Petronasが独自に取り組む	・**パーム由来の第1世代バイオディーゼルの積極導入** ・2025年以降：B30を目指す	・**ガス田CCS導入は優先事項。**CCSオフセット燃料のポテンシャルは他国より高い
	・開発技術不足との言及	・**バイオディーゼル・バイオエタノール共に注目** ・第1世代の原材料は充足 E10、B7→E20、B20、B30目標	未公表
	・ブルー・グリーン水素どちらも国営企業Pertaminaが独自に取り組む	・**ディーゼルは混合義務が存在** ・2022年：B30→B40 ・2040年：輸送用燃料のうち、バイオ燃料を46%に	・**ガス田CCS導入は優先事項。**CCSオフセット燃料のポテンシャルは他国より高い
	・**RE由来の水素製造に注力** ・（RE目標は東南アジア諸国連合の中でも高い）	・バイオ燃料への転換を掲げるが、実現可能性に対して国内では懐疑的な声が多く存在	未公表

✓✓　主要代替燃料と位置付け

✓　代替燃料候補として検討

並立型である。もともと自動車を中心に水素への期待が相対的に先行していたが、足元では他国と同様に電動化の推進が加速しつつある。バイオ燃料や合成燃料については、国のロードマップなどに一部記載があるレベルで、体系的・実効的な取り組みとしては劣後している。

　中国は、もともと乗用車領域での電動化を自動車産業政策として推進していた。ただ、足元では日欧に倣う形で商用車を中心に水素も重視する方針を打ち出している。結果として日本と似た構えとなっている。

　一方で、経済成長を優先する新興国ではだいぶ方針が異なる。インドは、足元では二輪・三輪や都市バスなどの電動化を進めるものの、現状では四輪の電動化を含めて2050年ごろまでの長期的な目標を掲げるにとどまっている。また、長期では水素の併用も見越している状況である。マレーシアは自国内調達が可能なバイオ燃料（特にバイオディーゼル）を積極的に推進する予定であり、国内ガス田のCCSを活用したオフセット燃料なども視野に入れている。

　東南アジア諸国内で自動車産業の集積が進むタイとインドネシアでは、域内のEV生産拠点化を目指して自国内でも電動化を推進している。加えて、バイオ燃料についても自国内調達が可能な部分を中心に積極的な取り組みを進めている。ベトナムもRE由来の水素やバイオ燃料への転換を目指す方針はあるものの、足元では、むしろ公共交通機関へのシフトなどが現実的なCO_2削減につながるとの立場である。

第3節

CN燃料普及で鍵握る
石油メジャーはどう動く？

カーボンニュートラル（炭素中立、CN）燃料の普及に向けて各国政府のCN政策と並び鍵を握るのが、既存の化石燃料の供給を担っている石油会社、いわゆる石油メジャーの動向である。ガソリンなど輸送用途向け化石燃料の生産・供給を担ってきた石油会社各社だが、それらもまた世界的なCN化の流れの中で、大きな影響を受けている。

大転換図る欧州系、限定的な米系

　海外の主要な石油会社は、大きく先進国（欧米）に基盤を持ちグローバルに事業を展開する「石油メジャー」と、特に新興国を中心に国内で独占的な地位を築いている「国営石油会社」に大別される（**図1-3-1**）。このうち石油メジャーとしては、CN化の先進地域である欧州を本拠地とする英Shell（シェル）、同BP、フランスTotalEnergies（トタルエナジーズ）などと、米国系のExxon Mobil（エクソンモービル）などでは、その対応方針に温度差が生じている。

　端的に言えば、欧州系各社は、石油メジャーから総合エネルギー企業への転換を大胆に推進しているのに対して、米国系は、そこまでの大きな事業ポートフォリオ展開に向けた動きが現時点では見られていない。

　一方で、新興国が大半となる国営石油会社では、各国のCN化目標が先進国よりも10〜20年程度先に設定されていることもあり、企業単体では2050年のCN化目標を掲げる中国石油天然気や中国Sinopec（シノペック）などの中国系も、足元では石油から天然ガスへのシフトなどの漸進的な動きが中心となっている。

　実際、現状（2020年時点）各社が公表している2050年時点での目標とする事業ポートフォリオの変化を見てみると、これら各社の温度差は明白である（**図1-3-2**）。CN化に対して最も積極的な姿勢を見せ

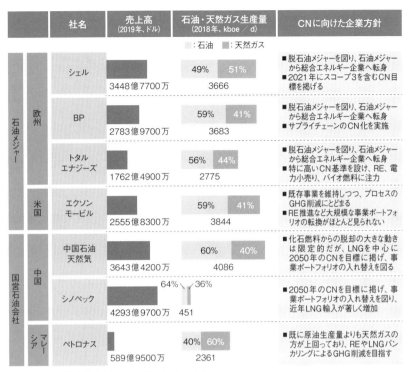

図1-3-1 石油会社各社のCN化に向けた方針
boe／dは石油換算バレル／日、REは再生可能エネルギー、GHGは温暖化ガス、LNGは液化天然ガスを指す。LNGバンカリングとは、洋上の船に専用船でLNGを補給すること。シノペックは中国Sinopec、ペトロナスはマレーシアPetroliam Nasional Berhad（Petronas）のこと。（出所：各社IR情報）

ているのが、欧州の中でも最も先鋭的なCN目標を掲げる英国を本拠とするBPである。現在、石油販売などの川下ビジネスが売上高全体の9割を占めているところ、2050年には、再生可能エネルギー（RE）とCN燃料で売上高の6割を占めるような総合エネルギー企業への転換を企図している。

またBPに比べて現状で天然ガスや化学品などへの多角化が進んでいるシェルも、2050年にはREとCN燃料を合わせた事業の売上高の

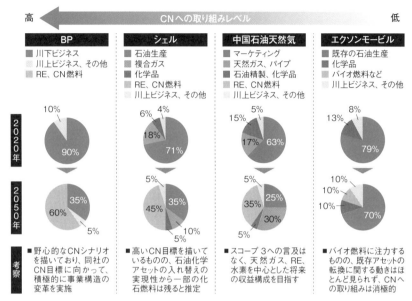

図1-3-2　石油会社各社における事業ポートフォリオの変革の方向性
円グラフは売上高に占める比率を表している。川下ビジネスとは、石油販売などを指す。川上ビジネスとは、石油・ガスの探鉱・開発・生産などを指す。（出所：Speeda、各社IR情報、エキスパートインタビュー）

比率を45％程度まで引き上げるとの計画を発表している。ただし、現在（2022年9月時点）、オランダで、非政府組織（NGO）からさらなるCO_2削減を求めて提訴された裁判の係争中であり、その結果次第ではポートフォリオのさらなる入れ替えを求められる可能性も出てきている。

　これに対して、中国石油天然気は、2050年のCN化目標はあくまでスコープ3（自社の事業活動に関連して他社が排出する温暖化ガスを削減すること）を含まない自社製造バリューチェーンに限定したものとしている。ポートフォリオの転換の中でREとCN燃料を合わせた比率を35％程度まで引き上げるものの、同時に天然ガスの比率も

30%程度まで拡大させるなどより多角化したものを想定している。

　一方で、ポートフォリオ転換に最も保守的なエクソンモービルは、2050年時点でも70%は既存の化石燃料ビジネスが残るとのスタンスである。CN化に向けた取り組みとしてはバイオ燃料が10%程度まで増えるという部分的なものにとどまる見込みである。

　このような石油会社各社の姿勢の違いは、CNに向けた具体的な取り組み状況からもうかがえる（**表1-3-1**）。2050年までにスコープ3まで含めたCN化を目指す欧州系の石油メジャー各社は、CN化に向けた施策に関しても全方位的な取り組みを進めようとしている。アジア系の国営石油会社各社も天然ガス・REへの転換や工程改善によるCO_2削減、ガソリンスタンド運営など小売事業に関する転換などを共通して進める方針である。

　一方で、米国系のエクソンモービルに関しては、CN化に向けた取り組みとしては、天然ガスへの転換や工程改善、CO_2回収・貯留（CCS）の導入などに限定されている。この中で、CN燃料については、天然ガス転換などに続くCN化の方策として重点活動の1つと位置付けて推進する方針である。

水素とバイオ燃料に注力

　次に、CN燃料の中で石油会社各社がどのような燃料に注力しているかを見てみよう。ほぼすべての石油会社が力を入れているのが水素であり、エクソンモービル以外は各社とも水素バリューチェーンの構築を打ち出している。

　この背景にあるのは、他のCN燃料と比べて、水素は燃料電池車（FCV）を含めて用途開拓が一定程度見えつつあることが1つ。そして、第1章第1節で紹介したように、水素の場合単独での利用に加え、

		GHG削減への注力度※1	CN目標		
	社名		短中期 (2030年ごろ)	長期 (2050年ごろ)	
石油メジャー	欧州	シェル	高	**2030年目標** ■2016年比40%削減	**2050年CN目標** ■スコープ1、2 ■スコープ3（全体）
		BP	高	**2030年目標** ■1990年比30〜35%削減	**2050年CN目標** ■スコープ1、2 ■スコープ3（上流）
		トタルエナジーズ	高	**2025年目標** ■GHG排出量4000万t未満	**2050年CN目標** ■スコープ1、2 ■スコープ3（欧州）
	米国	エクソンモービル	低	**2025年目標** ■2016年比15〜20%削減	■なし
国営石油会社	中国	中国石油天然気	中〜高	**2025年目標** ■ピークアウト	**2050年CN目標** ■スコープ1、2
		シノペック	中〜高	なし	**2050年CN目標** ■スコープ1、2
	マレーシア	ペトロナス	中〜高	**2024年目標** ■GHG排出量4950万t削減	**2050年CN目標** ■スコープ1、2

表1-3-1　石油会社各社のCNに向けた取り組み
（出所：ADL）

アンモニアや合成燃料（e-fuel）など他のCN燃料の原料としても活用できることから、まずは水素バリューチェーンの構築を優先しているという側面もあるとみられる。

　もっとも、水素の次に重視しているCN燃料は、先進国系の石油メジャーと新興国系の国営石油会社系では異なる。先進国系の石油メジャーは、短中期的には航空用途での需要拡大が見込まれるバイオ燃料に対する注力度が高くなってきている。ただし、現時点では製造方法が確立されている第1、第2世代のものがまだ中心であり、第3世代のバイオ燃料については各社開発中という段階にある。

	CN に向けた主な取り組み[※2]							
	脱石油	天然ガス転換	RE転換	輸送	工程改善	CN 燃料	小売り転換	CCS
	✓✓✓	✓✓✓	✓✓✓	✓✓✓	✓✓✓	✓✓✓	✓✓✓	✓✓✓
	✓✓✓	✓✓✓	✓✓✓	✓✓	✓✓✓	✓✓✓	✓✓✓	✓✓✓
	✓✓✓	✓✓✓	✓✓✓	✓✓	✓✓✓	✓✓✓	✓✓✓	✓✓✓
	✓	✓✓✓	✓✓✓	✓✓✓	✓✓✓	✓✓	✓	✓✓✓
	✓✓	✓✓✓	✓✓✓	✓✓	✓✓✓	✓✓✓	✓✓	✓✓
	✓✓	✓✓✓	✓✓	✓✓	✓✓✓	✓✓✓	✓✓	✓✓
	✓✓	✓✓✓	✓✓	✓✓	✓✓✓	✓✓✓	✓✓	✓✓✓

※1　高：スコープ3を含むCN目標、中：スコープ1、2に限定したCN目標、低：CN目標なし／既存事業に引き続き注力
※2　✓✓✓：実用化され、さらなる実用化に向けても優先的に開発中、✓✓：限定的な活用に限定／次世代までのブリッジ、✓：具体的な動きなし／撤退

　一方で、新興国系の石油会社においては、天然ガスが（厳密にはCN燃料ではないが）現実的なCO_2排出量の削減手段として重視されている。オフセット燃料に関しては、石油メジャーが中心となって、CN液化天然ガス（CNLNG）、すなわちカーボンオフセットによってCN化した液化天然ガス（LNG）の販売を進めているが、今後積極的にビジネスを拡大していこうという方針を掲げる企業は多くない。

　他方、CN燃料の中でもアンモニアと合成燃料は、各社の開発方針においては、現状では注力度が高くない。アンモニアの場合は、現状で有望視されている用途が主に発電であることから、輸送用途を主体

		社名	バイオ燃料	合成燃料		オフセット燃料	
石油メジャー	欧州	シェル	第1〜2世代実用化。第3世代開発中	—		CNLNGを販売	
			高		低		中〜高
		BP	航空燃料として有望視。第1〜2世代実用化	検討段階		CNLNGを販売	
			中〜高		低〜中		中〜高
		トタルエナジーズ	航空燃料として供給。第3世代開発中	グリーン水素によるメタノール合成の実証段階		CNLNGをすでに販売	
			高		低〜中		中〜高
	米国	エクソンモービル	実用化はまだ。第3世代開発中	MTG法の技術は確立。現時点では注力度やや低		CNの石油製品や天然ガス販売を拡大予定	
			中〜高		低〜中		中〜高
国営石油会社	中国	中国石油天然気	第1世代は実用化。次世代への注力度は限定的	—		CNの石油製品や天然ガス販売を拡大予定	
			中		低		中〜高
		シノペック	ジェット燃料と位置付け。水素に比べ限定的	—		CNの石油製品や天然ガス販売を拡大予定	
			中		低		中〜高
	マレーシア	ペトロナス	実用化はまだ。第3世代開発中	—		CNLNGをすでに販売	
			中		低		中〜高

表1-3-2　石油会社各社のCN燃料に関する方針
MTGはMethanol To Gasolineの略。露はロシア、豪はオーストラリアを指す。PJTはプロジェクトのこと。（出所：ADL）

としている現状の石油会社各社にとっては事業構造上、注力度が高くなりにくいという面がある。

　一方、合成燃料については、主な海外石油会社の中にはCN燃料の中心と位置付ける企業は現時点ではない。それでも先進国の石油メジャーの中には、BP、トタルエナジーズ、エクソンモービルなど実証実験を進めている企業も存在するが、中国を含めた新興国の国営石油会社に至っては、対外的にはほぼ取り組みが見られない状況で

CN燃料の方向性

水素		アンモニア		天然ガス	
水素バリューチェーンの構想		輸送燃料への活用は不明確		2030年までは重要な燃料と位置付け	
	高		低〜中		中〜高
水素バリューチェーンの構想		輸送燃料への活用は不明確（発電用を推進）		2030年までは重要な燃料と位置付け	
	高		低〜中		中〜高
水素バリューチェーンの構想		アンモニアバンカリングを実証中		露、豪中心に多くのPJTから共有	
	高		中〜高		中〜高
—		輸送燃料への活用は不明確（発電用を推進）		2030年までは重要な燃料と位置付け	
	低〜中		低〜中		中〜高
水素バリューチェーンの構想		輸送燃料への活用は不明確（発電用を推進）		中長期的に重要な燃料と位置付け	
	高		低〜中		高
水素バリューチェーンの構想		輸送燃料への活用は不明確（発電用を推進）		中長期的に重要な燃料と位置付け	
	高		低〜中		高
水素バリューチェーンの構想		輸送燃料への活用は不明確（発電用を推進）		供給能力が高く、重要な燃料と位置付け	
	高		低〜中		高

※　高：実用化され、さらなる普及に向け優先的に開発中、中：限定的な活用／次世代燃料までのブリッジ、低：具体的な動きなし／撤退

ある（**表1-3-2**）。

　石油会社にとって合成燃料は既存の供給網が流用可能なCN燃料であり、本来は石油会社がより積極的に推進してもよいはずである。それにもかかわらず、石油会社は合成燃料になぜそこまで積極的ではないのか。その背景の1つとみられるのが、合成燃料は基礎的な製造方法は確立されているものの、コスト競争力を含めるといまだ普及段階に至っていないという点である。

		エネルギー系			
		石油・ガス	電力	RE	
欧州	ドイツ			サンファイア	
	ノルウェー			ノルディックブルークルード	
	デンマーク				
	スペイン	レプソル			
	フランス	トタルエナジーズ			
	英国	BP			
米州	米国			インフィニウム	
	カナダ			カーボン・エンジニアリング	
	チリ			Haru Oniプロジェクト	

表1-3-3　合成燃料の開発を手掛ける主なプレーヤー
サンファイアはドイツSunfire、ノルディックブルークルードはノルウェーNordic Blue Crude、ノルスクイーフューエルはノルウェーの首都オスロに拠点を置くコンソーシアムであるNorsk e-Fuel、アウディはドイツAudi、DLRはドイツ航空宇宙センター、ハルダートプソーはデンマークHaldor Topsoe、インフィニウムは米Infinium、カーボン・エンジニアリングはカナダCarbon Engineeringのこと。（出所：経済産業省合成燃料研究会）

　ただ、この点については、各石油会社の言葉を借りれば、ある意味では需給における鶏と卵の関係にある。自動車メーカーなど需要家側の合成燃料への期待値が見えていないことから、供給体制の確立に向けたスケールアップが進まない。結果、コストが下がらない、との状況が発生している。

　他方、自動車メーカーなど燃料の利用側から見ると、合成燃料が普

	製造・エンジニアリング系	自動車系	政府・大学系
		アウディ	DLR
Westkuste 100（10社コンソーシアム）			
	ノルスクイーフューエル		
	ハルダートプソー		
			オックスフォード大学

及すれば、既存の内燃機関の技術が流用できるため、本来であれば一番望ましいオプションである。ただ、もし電動化など他の技術手段がCN化のための主な方策となった場合のリスクは大きい。このため、電動化や燃料電池など新たな開発要素が大きいものに開発投資を振り向けているという構図になっている。

　その結果、石油会社から見ると、自動車メーカーなどの機器メーカー側が電動化対応を最優先している、との見え方になっている。こ

こに需要側と供給側の間の認識ギャップが存在している。そして、このギャップが大きな課題となっている。

　このような状況の中で、では現状、合成燃料の開発、実証実験をリードしているのはどのようなプレーヤーなのか。主なプレーヤーには3つのタイプが存在している（**表1-3-3**）。

　1つは、スペインRepsol（レプソル）、BP、トタルエナジーズなど欧州系の石油メジャーである。2つ目は、RE領域に特化したスタートアップ企業である。北欧や北米などでは、ノルウェーNordic Blue Crude（ノルディックブルークルード）、米Infinium（インフィニウム）、カナダCarbon Engineering（カーボン・エンジニアリング）など、その種の企業が開発を主導している。

　3つ目は、国内を対象として業界横断的なコンソーシアムを組織し、そこを軸に実証実験を進めるパターンである。代表例としてはドイツにおける「Westkuste 100」やチリの「Haru Oni プロジェクト」などが挙げられる。

　この中で既存の石油会社が取り組んでいるもの以外は、将来的な量産普及フェーズを見据えると、新たなバリューチェーンの確立が必要となる。ただ、いずれのケースにおいても、まずは需要側から見た合成燃料に対するニーズを顕在化させ、供給側に対しての可能性をよりリアリティーのある形で可視化していくことが重要である。

　次章では、技術・方式分類からCN燃料の全体像を見ていく。

第2章

CN燃料別の動向

第2〜3世代に
期待のバイオ燃料

第1章では、カーボンニュートラル（炭素中立、CN）燃料の普及動向をマクロ面から規定する各国政府の方針や将来の燃料供給者になり得る大手石油会社の動向を紹介した。第2章では、個別のCN燃料そのものについて現状の技術開発動向含めて見渡していく。その最初となる本節では、CN燃料の中でも航空用途を中心に実用化が進みつつあるバイオ燃料の動向について整理する。

油脂由来の第2世代、藻類由来の第3世代

　CN実現に向けた有力手段の1つとして注目を集めているのがバイオ燃料である。原材料や製造プロセス、および燃料としての最終生成物の種類の組み合わせによって、様々なものが開発・実用化されている（**図2-1-1**）。

　第1章第1節でも概説したように、バイオ燃料は大きく3つの世代に区分される。従来の第1世代では食料と競合してしまい社会受容性が低いため、近年は第2世代（廃棄油由来のバイオディーゼル、セルロース由来のバイオエタノール、油脂・セルロース・廃棄物由来の炭化水素）、第3世代（微細藻類由来の炭化水素）といわれる次世代バイオ燃料の開発が進展している状況である。

　このうち第2世代に当たる油脂由来の炭化水素系バイオ燃料には、SVO（Straight Vegetable Oil、植物油）、FAME（Fatty Acid Methyl Esters、脂肪酸メチルエステル）、HVO（Hydrotreated Vegetable Oil、水素化植物油）の3種類が存在する。ただし、植物油をストレートに使用するSVOは、原料により性質が不安定で取り扱いが困難なことからほとんど製造されていない。FAMEとHVOが主となる。

　このうちFAMEは、植物油・廃食油など油脂類とメタノールからエステル交換反応によって生成するものである。軽油に近い性質を持

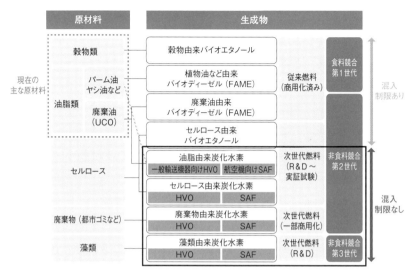

図2-1-1　バイオ燃料の種類
UCOはUsed Cooking Oil（廃棄油）、FAMEはFatty Acid Methyl Esters（脂肪酸メチルエステル）、HVOはHydrotreated Vegetable Oil（水素化植物油）、SAFはSustainable Aviation Fuel（持続可能な航空燃料）のこと。（出所：ADL）

つが、HVOと違って水素化処理をしていないため、従来燃料の主成分とされる炭化水素とは化学構造が全く異なる脂肪酸メチルエステルなどが主な成分となる。従来燃料と比べると、燃焼後の窒素酸化物（NO_x）の増大や、低温流動性や腐食・劣化性能などの点で劣るとされている。

　このため、化石燃料由来の従来燃料との混合利用が前提となる。バイオエタノールあるいはバイオディーゼルへの従来燃料の混合割合は各国で様々であり、特に第1世代のバイオ燃料大国であるブラジル、インドネシア、マレーシアなどでは高い混合率が見受けられる。

　一方、HVOは、油脂類を直接水素化処理して生成したパラフィン系炭化水素である。FAMEと異なり、従来燃料との混合を前提とせずに単独での利用が可能である。バイオ燃料の中では将来の本命技術

とみられる。また、HVOの中でも特に航空機用のジェット燃料としての規格を満たした燃料は、SAF（Sustainable Aviation Fuel、持続可能な航空燃料）と呼ばれている。

　国際エネルギー機関（International Energy Agency、IEA）などの予測によると、2025年までの短期では、従来型（第1世代）のバイオエタノールとバイオディーゼルが、食料競合もあり横ばいで推移する見込みである（図2-1-2）。一方で今後はHVOや油脂由来のSAFの需要が増していき、市場をけん引する見通しである。中長期でみると、2050年までには従来型バイオ燃料の割合が減少し、次世代燃料であるHVOやSAFが急増する。また、その原料も短中期的に有望視されている油脂由来からセルロース・廃棄物由来のものへと進化していくことが予測されている。

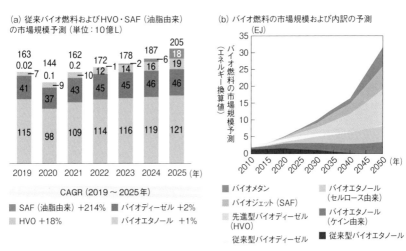

図2-1-2　バイオ燃料市場の市場規模予測
CAGRは年平均成長率、EJは10の18乗ジュール（J）のこと。（b）の先進型バイオディーゼルがHVO、バイオジェットがSAFに相当する。ケインとは、サトウキビやトウなどの硬い茎の部分のこと。（出所：International Energy Agency『Global biofuel production in 2019 and forecast to 2025』、同『Aviation fuel consumption in the Sustainable Development Scenario, 2025-2040』、ICAO『Stocktaking results』を基にADLが作成）

次世代バイオ燃料の本命は？

　このように中長期的な市場拡大が見込まれている第2世代のバイオ燃料だが、その製造方法としては様々なものが提唱されている（**表2-1-1**）。もっとも、輸送用の次世代バイオ燃料で実証以降の段階にあるのは、セルロース由来のバイオエタノール、およびHVOである。

　このうち、バイオディーゼルとしての利用が大半を占めるHVOの製造方法の中では、廃食油や植物油を水素化処理および脱酸素化して製造するHEFA（Hydroprocessed Esters and Fatty Acids）方式が既に商用化されている。

　有機物をガス化して一酸化炭素と水素の合成ガスからHVOを製造するFT（Fischer Tropsch、フィッシャー・トロプシュ）法についても商用化のめどが立っている。

　一方で、他のプロセスについてはいまだ実証段階で時間がかかる見込みだ。実際、これらを開発するプレーヤーを見ても、商用化済みのHEFA方式は参入プレーヤーが多いが、他の方式についてはプレーヤーは限定的な状況にある。

　以上のような次世代バイオ燃料の間で優位性を比較すると、全般的には、炭化水素系の次世代バイオ燃料に関して言えば、油脂由来の炭化水素（HVO）は技術成熟済みである。これに対して、廃棄物由来の炭化水素は一部商用化しているものの、セルロース由来の炭化水素や藻類由来の炭化水素についてはR＆D～実証段階にとどまるのが現状である。

　この中で、本格普及に向けた最大のポイントとなる製造コストについては、HVOは原材料コストが大半を占める。一方、その他はCAPEX（設備投資）・OPEX（事業経費）が支配的である。ただし、今後の技術改善で製造コストを低減できる可能性もあるとみられてい

プロセス方式	プロセス概要	原材料	ASTM 認定取得状況
Fischer Tropsch (FT)	有機物をガス化して一酸化炭素と水素の合成ガスから製造	有機物全般	Annex 1 （混合上限50%）
Hydroprocessed Esters and Fatty Acids （HEFA）	廃食油や植物油を水素化処理および脱酸素化して製造	生物系油脂	Annex 2 （混合上限50%）
Synthetic Iso-Paraffin （direct sugar）（SIP）	糖から微生物変換などを経て製造	バイオマス 糖	Annex 3 （混合上限10%）
Synthesized Paraffinic Kerosene plus Aromatics（SPK／A）	ガス化・FT合成により芳香族も追加で生産して製造	有機物全般	Annex 4 （混合上限50%）
Alcohol to Jet（ATJ）	アルコールをエチレンなどに脱水し重合することにより製造	バイオマス 糖 紙ごみ	Annex 5 （混合上限50%）
Catalytic Hydrothermolysis Jet（CHJ）	廃食油や植物油を超臨界水熱分解による不飽和脂肪酸の環化反応後、水素化処理および脱酸素化することで製造	生物系油脂	Annex 6 （混合上限50%）
HydroCarbon- Hydroprocessed Esters and Fatty Acids	微細藻類から生産した粗油を水素化処理で合成して製造	微細藻類	Annex 7 （混合上限10%）
Catalytic Fast Pyrolysis （CFP）	無酸素の状態で中温帯（400〜500度）で急速熱分解・急速凝縮して製造	木質系 バイオマス	未取得

表2-1-1　次世代バイオ燃料の有望製造プロセス

ASTMは米国試験材料協会（ASTM International）のこと。フルクラム・バイオエナジーはFulcrum BioEnergy、レッドロック・バイオフューエルはRed Rock Biofuels、サソールはSasol、ワールド・エナジーはWorld Energy、シェブロンはChevron、フィリップス66はPhillips 66、ネステはNeste、UPMキュンメネはUPM-Kymmene、プリームはPreem、アミリスはAmyris、トタルエナジーズはTotalEnergies、ジーボはGevo、ランザテックはLanzaTech、シェブロンラマスグローバルはChevron Lummus Globalのこと。〔出所：新エネルギー・産業技術総合開発機構（NEDO）『次世代バイオ燃料分野の技術戦略策定に向けて』、同『バイオジェット燃料生産技術開発事業』を基にADLが作成〕

る（表2-1-2）。

　HVOの製造コストを主だった製造方法ごとに見てみると、現在広く普及しつつあるHEFAに関しては、燃料生成における技術開発の余地

開発段階	技術課題	主要プレーヤー
2021年後半商用化	ガス化のクリーニング、都市ごみの前処理技術の向上が課題	米フルクラム・バイオエナジー、同レッドロック・バイオフューエル、同Cool Planet Energy Systems、同Rentech、南アフリカ・サソール
商用化	廃棄物の原材料に合わせた前処理技術やガス化技術の効率性向上が課題	米ワールド・エナジー、同Diamond Green Diesel、同REG Synthetic Fuels、同Green Energy Products、同シェブロン、同フィリップス66、英BP、フィンランド・ネステ、同フィンランドUPMキュンメネ、イタリア炭化水素公社（ENI）、スウェーデン・プリーム
商用化	混合比率10％の上限、プロセス中の高分子中間体が化粧品など高付加価値製品の原材料となることから燃料への取り組み優先度が低く課題	米アミリス、フランス・トタルエナジーズ
実証中	廃棄物の原材料に合わせた前処理技術やガス化技術の効率性向上が課題	サソール、Rentech
実証中～商用化	大規模化用の要素技術の改良（低重合技術による炭素分布制御プロセスと触媒の開発）	米ジーボ、同ランザテック、同Byogy Renewables
実証中	廃棄物の原材料に合わせた前処理技術やガス化技術の効率性向上、水熱処理過程での収率低下が課題	米シェブロンラマスグローバル、ユーグレナ
実証中	微細藻類の大規模培養技術が課題	IHI
R＆D	急速熱分解による生成物の制御が難しく、目的生成物の収率向上が課題	該当なし

はなく、サプライヤーは前処理技術の向上によって製品コストの削減や他社との差別化を図っているのが現状である。このため、前処理工程での改善で製造コストの低減が一部図れるものの、既に広く普及し

		混合制限	技術成熟度合い	
従来型燃料	従来型バイオエタノール	△ 混合制限あり（E5〜20程度）	◎ 技術成熟済み	
	従来型バイオディーゼル （FAME）	△ 混合制限あり（B5〜30程度）	◎ 技術成熟済み	
次世代燃料	油脂由来炭化水素 （HVO）	○ 混合制限なし	◎ 技術成熟済み	
	セルロース由来エタノール	△ 混合制限あり（E5〜20程度）	△ R＆D〜実証段階	
	セルロース由来炭化水素 （FT法）	○ 混合制限なし	△ R＆D〜実証段階	
	廃棄物由来炭化水素 （FT法）	○ 混合制限なし	○ 一部商用化	
	藻類由来炭化水素	○ 混合制限なし	× R＆D段階	

表2-1-2　各バイオ燃料の比較
GHGとは温暖化ガスのこと。（出所：ADL）

ているため、中長期的なコスト削減の余地は限定的とみられている。
　一方で、FT法については、GTL（Gas To Liquid）など他分野で
は既に技術が確立している。バイオ燃料製造においては、有機物から
のガス化技術およびバイオマスの規模に合わせた製造システム技術の
確立が必要である。今後はスケールメリットや副産物の利用により一
定のコスト低減が可能とみられている。ただし、FT法自体がHEFA
工程と比較しプロセスが複雑なため、製造コスト自体が高いという課

	生成コスト	ライフサイクル GHG 排出
	◎ バイオ燃料内で相対的に最安価だが化石燃料と比較すると非常に高い	△ 利用時にガソリンへの混合が必要
	◎ バイオ燃料内で相対的に最安価だが化石燃料と比較すると非常に高い	△ 利用時に軽油への混合が必要
	○ 従来型バイオ燃料よりコストが高い	○ 排出量は従来型バイオ燃料と同程度だが軽油への混合の必要なし
	× 藻類を除き、最も生成コストが高い	○ 排出量は従来型バイオ燃料より低いがガソリンへの混合必要
	△ HVOより生成コストが高く、将来的にもHVOより高い見込み	◎ 排出量は従来型バイオ燃料より低く、軽油への混合の必要もなし
	△～○ 現状HVOより高いが、製造コスト低減でHVOと同程度か安くなる可能性	◎ 排出量は従来型バイオ燃料より低く、軽油への混合の必要もなし
	× 他原材料のコストと比較し、藻類は10倍以上	△ 現状技術では従来型バイオ燃料よりも排出量多い

題も存在している。

　では、中長期的な成長が期待されている他の製造方法はどうか。セルロース由来の炭化水素はバイオマスの規模に合わせた製造システムの開発が、藻類由来の炭化水素は培養がそれぞれコストの支配的な要因である。

　木質残さを発酵させるセルロース発酵工法については、酵素のコストが製造コストの支配的要因である。ただ、酵素コストは低減が予想

されていることや、副産物であるリグニンの活用などにより今後は生成コストの低減が見込まれる。現在の製造コストはHEFAやFT法と比較すると最も高いが、酵素コストの低減、既存エタノール工場との施設の共有や副産物の利活用により、中長期での製造コストの低減が予想されている。

藻類由来の炭化水素については、油分抽出から先のプロセスは既存成熟技術を利用できるHEFAを採用している。従って、コスト低減に向けては培養が最も大きな課題である。

また、どの方式も原材料の調達が課題であり、特にセルロース系は発電用燃料や肥料用途との競合も課題となる。

次世代バイオ燃料は原材料調達が最大の課題

次世代バイオ燃料の原材料として現在使用されている植物油や廃食油などの油脂類の調達が大きな課題となっている。各地域において廃棄される廃食油には量的な限界があり、植物油も食料と競合するため、バイオ燃料向けに大きく供給量を増やすことができない。

中長期的に成長が期待されるセルロース系バイオ燃料の原料としては、大別して、農業残さと林業残さ、およびエネルギー草と呼ばれるスイッチグラス、ポプラなどの非食用エネルギー作物がある。このうち、農業残さは、大きく糖質系、でんぷん系、油脂系に分類され、それぞれ活用の検討が進んでいる。

例えば、糖質系残さの活用例としては、月島機械とJFEエンジニアリング（東京・千代田）がバガス（サトウキビの搾りかす）によるバイオエタノール製造の実証事業を実施し、酵素コストの低減を実現している。また、でんぷん系残さの活用では、サッポロビールがキャッサバパルプによるバイオエタノール製造の実証事業を行い、高温発酵

酵素による生産効率の向上とコスト低減を実現している。

　油脂系残さの活用では、様々な企業が食用油やマーガリンなどに利用されるパーム油の製造工程から排出される残さを活用し、発電や燃料開発に取り組んでいる。大阪ガスは、タイでパーム油の製造工場から排出される廃水を利用してバイオメタンを製造し天然ガス自動車に供給する事業を開始している。

　ただし、農業残さとして使えるのは、肥料や工場の熱源などに利用されない場合に限定される。また農業残さによるバイオ燃料やバイオエタノールの生成では、収集・運搬コストの削減、前処理工程の効率化などが技術的課題として挙げられている。

　農業残さの活用には豊富なポテンシャルがあるが、前処理工程の改善や、残さ分散による原料調達コストの増大をいかに防ぐかなどが商用化への課題となっている。

　一方、林業残さは木質バイオマスの代表格の1つであり、チップやペレットなどに加工されて既に有効活用されている。もっとも、林業残さバイオマスは、発電・熱源など他用途でも活用されていることに加え、未利用材の安定的な調達が課題となっている。

　第3世代とされる（微細）藻類由来のバイオ燃料については、エネルギー密度が高くジェット燃料の代替となり、単位面積当たりのオイル抽出量もかなり高いため、期待されている。ただし、大規模培養技術の確立に時間がかかるため、商用化は2030年以降となる見通しである。

　藻種や培養工程が性能／コストに大きく影響することから技術開発の中心となっているが、いまだ多くの技術課題が残っている。また、コスト削減の施策としては立地条件に見合う土地確保が重要となる。藻類の培養に使える廃熱や排水、排出した二酸化炭素（CO_2）の調達先が近郊にあり、日光が十分に当たる地域で安価で広大な土地確保が

求められる。

バイオ燃料の普及はSAFがけん引

　このように、様々なアプローチで技術開発が進むバイオ燃料だが、実際どのような形で、普及が進むのだろうか。炭化水素系のバイオ燃料を製造する際は、HVOとしてディーゼル燃料を製造するモード（HVOモード）とSAFモードの2種類が存在する。SAFの方が製造コストは若干高いが、航空業界のCN目標実現に向けて各航空会社が今後購入を増やしていく方針である。

　また、航空会社は以前から燃料価格の上昇分を燃料サーチャージとして最終顧客に転嫁する価格決定メカニズムを確立している。このため、供給量や製造コストに合わせた形の一定の高値で販売することが

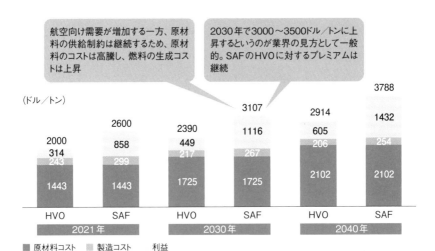

図2-1-3　HVOとSAFの製造コストの予測
〔出所：エキスパートインタビュー（2021年10月時点）とArgus Mediaのホームページを基にADLが作成〕

可能となっている。従って、まずはSAFが短中期的にはバイオ燃料の普及をけん引していく可能性が高くなってきている。

加えて、現在はエンジンのシール材への影響を考慮してSAFは混合比率50％までしか認められていないが、エンジン側の改良により将来的に100％使用が認められる可能性も見えてきている。

一方で、次世代バイオ燃料の最大の課題は、前述したように、原材料側の供給制約によって生産量を増やせないことである。結果として、供給制約のある原材料のコストは高くなり、HVOやSAFの製造コストは従来燃料と比較してコスト高となっている。

SAFはHVOに対してプレミアム価格で推移しており、今後も航空向けで需要が増加する見通しである。にもかかわらず、原材料の供給は十分に増えないことから、原材料コストが上昇し、販価も上昇することが見込まれている（**図2-1-3**）。将来的にバイオ燃料の価格が高騰し、SAFの価格が高止まりすると、CN化に向けて候補となる代替手段がそれ以外にない航空機のSAFに、原材料が優先的に振り分けられていく可能性が高い。

第2節

CN燃料の
原料としても注目の水素

前節のバイオ燃料に続いて、本節ではカーボンニュートラル（炭素中立、CN）燃料の観点で水素に焦点を当てる。第1章第1節でも触れたように、水素は、燃料電池（FC）や内燃機関（ICE）による直接燃焼（水素エンジン）などにおいて、燃料、言い換えればエネルギーキャリアーとして単独でも活用が検討されている。だが、ここでは水素そのものの活用よりも、アンモニアや合成燃料など他のCN燃料の原料としての水素の位置付けやポテンシャルについて見ていきたい。

CNなエネルギー源としての水素

　まず、CN燃料の原料の観点からも重要となる水素の定義を改めて確認しておきたい（**表2-2-1**）。現在水素は、投入されるエネルギー源

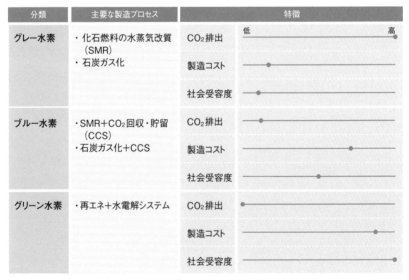

表2-2-1　製造方法に応じた水素の定義
CO$_2$は二酸化炭素のこと。（出所：World Energy Council「Innovation insights Brief 2019」）

と製造方法に応じて、主にグレー水素、ブルー水素、グリーン水素の3種類に分類されている（これら以外にも、最近原子力発電所の副生物から造られるイエロー水素なども注目を集めているが、製造量が限られるため、ここでは割愛する）。

このうち、グレー水素とブルー水素は、天然ガスやガス化した石炭などの化石燃料を水蒸気で改質することで製造した水素を指す。水素と合わせて二酸化炭素（CO_2）も排出されるが、このCO_2をそのまま大気中に放出するものがグレー水素、このCO_2を回収・貯留して大気中への放出を抑えたものがブルー水素と呼ばれる。

一方で、化石燃料ベースではなく、太陽光や風力などの再生可能エネルギー（Renewable Energy、RE）から製造した電気を使って、水（H_2O）を電気分解することで製造した水素をグリーン水素と呼ぶ。グリーン、ブルー、グレーの順に水素製造時のCO_2排出量が少なく、結果としてCNエネルギーとしての社会的受容度も高い。もっとも、製造コストは現時点ではグリーン水素が最も高く、CO_2回収・貯留（Carbon dioxide Capture and Storage、CCS）を必要とする分、ブルー水素のほうがグレー水素よりも割高となる。

この製造時のCO_2排出量を基準に、水素やその他の燃料をCN燃料として認定するかどうかを決めようとする動きが欧州を中心に存在する（図2-2-1）。水素に関しては、ブルー水素とグリーン水素が現状ではCN燃料として認定されており、これら水素を原料として製造されるアンモニアについても同様の位置付けになっている。

水素とCO_2から合成する合成燃料については、グリーン水素、および大気中から直接回収（Direct Air Capture、DAC）したCO_2から造ったものが、現在、既にCN燃料（e-fuel）として認定されている。加えて、ブルー水素、およびCO_2回収・有効利用（Carbon dioxide Capture and Utilization、CCU）によるCO_2、すなわち大気に排出さ

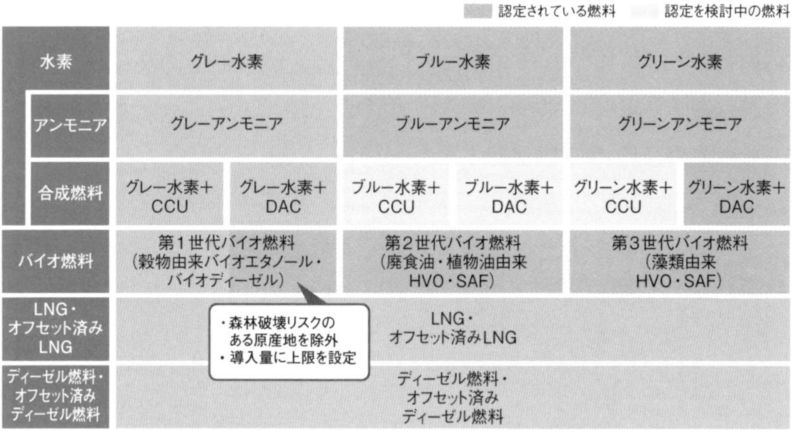

図2-2-1　欧州でCN液体燃料として認定される燃料

CCUはCarbon dioxide Capture and Utilization（CO$_2$回収・有効利用）、DACはDirect Air Capture（大気中のCO$_2$の直接回収）、HVOはHydrotreated Vegetable Oil（水素化植物油）、SAFはSustainable Aviation Fuel（持続可能な航空燃料）、LNGは液化天然ガスのこと。〔出所：欧州委員会「欧州の気候中立に向けた水素戦略」、改正欧州再生可能エネルギー指令（RED II）を基にADLが作成〕

れる前に回収したCO$_2$を原料とする合成燃料も、現在、CN燃料としての認定が進められている。

　ブルー水素とグリーン水素にはそれぞれメリットとデメリットがある（図2-2-2）。ブルー水素の最大のメリットは、褐炭や天然ガスなどの化石燃料を原料とするため、製造量の確保が中期的に容易である点である。一方で、化石燃料由来であるため、化石燃料（特に天然ガス）の採掘や運搬の段階でメタンが発生したり、ブルー水素製造工程で排出したCO$_2$を完全に回収しきれずにCO$_2$が発生したりする。

　さらに、こうした技術的な要因に加え、理論的にはカーボンフリーだったとしても、各地域の規制や一般市民が受け入れるか否かは別問題であり、CN燃料としての社会的受容性が最大の課題である。この点については、社会とのコミュニケーションにおいて、心理的ハードルをいかに下げていくかが重要になる。

	ブルー水素			グリーン水素	
+	製造量の確保	・CCS貯留地のポテンシャルが高く、天然ガスや褐炭が豊富に存在する国では、ブルー水素の製造量の確保が可能。特にオーストラリアでは他への用途がない褐炭が豊富に存在するため、ブルー水素にすることで有効活用可能	+	グリーン水素への反対意見の無さ	・ブルー水素は、反対意見が出る可能性が高いが、__グリーン水素は不安要素がない__
−	化石燃料由来であることによる気候変動原因の可能性	・化石燃料（天然ガスや褐炭）の採掘やハンドリングの過程でメタンが発生		コストの高さ	・現状ではブルー水素よりもグリーン水素のほうが製造コストが高い
	ブルー水素製造時のCO₂漏れへの指摘	・ブルー水素製造工程で排出したCO₂を全て回収・貯蔵はできていない可能性が存在	−	短期での余剰電力確保の困難さ	・__グリーン水素は、再エネ由来の余剰電力で製造するため、十分な量のグリーン水素を確保できるのは先になる見込み__
	社会の受容性	・__理論的にカーボンフリーだったとしても、地域の規制や一般市民が受け入れるかは別問題__ ・単純な論理の話ではなく、コミュニケーションなど心理的問題が存在			

図2-2-2　ブルー水素とグリーン水素の導入時のメリット（＋）とデメリット（−）
〔出所：エキスパートインタビューを基にADLが作成〕

　これに対し、グリーン水素は、CNなエネルギー源として理論的な完全性を持つことから、ブルー水素のような反対意見が出ることは考えにくい。だが、ブルー水素に比べて現状ではコスト的に割高である。加えて大前提として、REの導入が、電力消費に対して余剰が発生するレベルまで進むことが必要になる。短期的には、十分な製造量を確保することが難しいことが現実的なボトルネックとなっている。

水素を巡る各国のスタンス

　このように、ブルー水素とグリーン水素はCN燃料と位置付けられている。以下にこれらを中心に、主要国のエネルギー・産業政策上の水素の位置付け・取り組みを整理してみよう（**表2-2-2**）。この整理の中での1つの軸は、各国のエネルギー需給における水素の位置付けである。

		各国の思惑と取り組みの方向性
地産地消型	英国	**既存ガスネットワークを活用した水素利用を軸足に取り組みを推進** ・既存ガスパイプラインを活用した天然ガスからの水素転換を狙う ・建物暖房需要や産業用途での利用が中心 ・現時点ではグリーン・ブルー水素の両方の可能性をにらむ
	EU	**グリーン水素を核に、セクターカップリングでCN社会での産業成長機会創出** ・化石燃料系プレーヤーのCN事業への転換（シーメンス：水電解装置、リンデ：液化水素、など） ・グリーン水素を核にしつつも短中期では低炭素水素も投資対象 ・国またぎの連系性の高い"メッシュ"系統＋ガスパイプライン → RE＋水素への大胆なシフト
	米国	**ブルー水素中心に、FCユースケース（オフグリッド電源系、大型車など）の取り組み推進** ・FLでFC利用先行、また大型商用車など有望適用先も抱えており、有力FCプレーヤー集積 ・水素製造は、豊富な化石燃料ベース（ガス改質など）が基本で、CCUSにも取り組む姿勢 ・REはCAを中心に取り組むも、系統網が連系性低く脆弱なことから、一部エリアや大手環境先進企業中心に、オフグリッド型エネルギーシステム構築の動き
輸入型	日本	**スケール限られるも、広くVC全体の取り組みを推進（水素製造の海外連携含めて）** ・技術開発〜一部商用化（乗用FCV、家庭用CHP）で先行しており、産業界もVC全域をカバーただし、大掛かりなREシフトは困難な環境（地域間調整が難しい"くし型"系統）
輸出型	チリ	**地理的要因からRE由来の電力が充実し、グリーン水素の製造で水素供給国としての地位獲得に動く** ・砂漠地域の太陽光発電、南部山岳地帯での風力発電によるRE由来の電力供給量を増加 ・自国産業でのグリーン水素の早期輸出を推進

表2-2-2　各国の水素戦略、水素社会実現に向けた思惑と取り組みの方向性
シーメンスはドイツSiemens、リンデは英Linde、FCは燃料電池、FLは米フロリダ州、CAは同カリフォルニア州、CCUSはCO₂回収・有効利用・貯留（Carbon dioxide Capture, Utilization and Storage）、VCはバリューチェーン、FCVは燃料電池車、CHPは熱電併給システム（Combined Heat and Power）のこと。（出所：ADL）

　欧米は、エネルギーの地産地消化を進める中で、国・地域内でのエネルギー輸送の手段として水素を位置付けるというのが基本的な立場である。この背景には、まず、国・地域内に天然ガスの輸送用パイプラインが整備されており、ブルー水素の原料としてこの天然ガスの活用が可能なことがある。

　加えて、特に欧州などでは、地域内におけるRE（電力）の需要地と生産地が離れており、その送電線の容量が必ずしも十分ではないことから、水素による輸送が期待されていることも挙げられる。さらに、特に欧州では、後述する水素戦略の中で、エネルギー源としてだ

けではなく、化学原料など産業セクターをまたいで水素を活用することで欧州域内での産業全体のCN化を促進するというシナリオを描いている。

　もっとも、このような水素活用を視野に入れる欧米でも、その原料としての考え方は異なっている。CN化の旗振り役を自認する欧州は、最終的にはあくまでグリーン水素の利用を目標としている。ブルー水素は、グリーン水素が特にコスト面で利用可能な状況になるまでのつなぎという見方が大勢を占める。

　一方、シェール革命以降に自国での天然ガス生産が増えている米国では、CO$_2$回収・有効利用・貯留（Carbon dioxide Capture, Utilization and Storage、CCUS）の技術を活用したブルー水素を当面の主軸と位置付けている。

　これに対し、エネルギーの需給バランス的に電源のRE化が進んだ場合でも、自国内で需給バランスが取れない国々は、化石燃料と同様に輸入もしくは輸出を視野に入れる。そうした国の代表例が日本である。日本は、水素の利活用技術の開発では先行してきたが、天然資源だけでなくRE電源の適地に限りがあるため、水素に関しても基本的には輸入を前提としたサプライチェーン（供給網）の構築が焦点となっている。また調達安定性の観点からも、ブルー水素とグリーン水素の双方を念頭に置いた対応が基本となる。

　一方、水素を輸出産業化することをもくろむ国も存在している。その代表が南米のチリである。チリは、その地理的特性から砂漠地域での太陽光発電や、南部山岳地帯での風力発電など豊富なREの電源ポテンシャルを有している。しかし、地理的にエネルギーの需要国から遠いという制約を抱えており、この制約を打開するために水素の輸出産業化を目指している。

　では、このようなREを活用したグリーン水素の輸出ポテンシャル

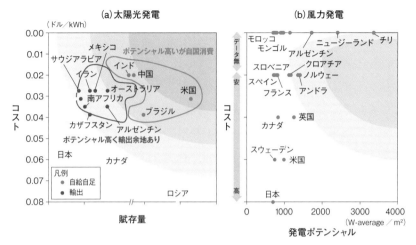

図2-2-3　グリーン水素製造（輸出）の有望国
(a) が太陽光発電の、(b) が風力発電の賦存（ふぞん）量とコストの関係。賦存量とは、ある資源に対して理論的に導いた総量のこと。〔出所：太陽光発電コストは「IEA Analysis」「IRENA Renewable」（2020年）。太陽光発電賦存量は「Average practical potential（PVOUT Level 1, kWh／kWp／day）」、太陽光発電敷設可能エリアの割合、国土面積を乗じることによって目安の値を算出。風力発電コストは、IEA Analysis、IRENA Renewable（2020年）から引用。風力発電ポテンシャルは、「Global Wind Atlas」の値から引用〕

が大きい国にはどんなところがあるのか（**図2-2-3**）。太陽光発電ベースではチリ、メキシコ、アルゼンチンなどの中南米、サウジアラビア、イランなどの中東諸国、オーストラリアが有望である。風力発電ベースでは、チリ、アルゼンチンなどの南米、およびニュージーランドなどが有望視されている。

　水素の輸出産業化という観点は、ブルー水素でも同様に考えられる。ブルー水素の主原料と考えられている褐炭と天然ガスについて、その埋蔵量とブルー水素認定の要件であるCCSの導入ポテンシャルの観点から各国をプロットすると、褐炭ベースのブルー水素としてはオーストラリアやロシアが、天然ガスベースのブルー水素としてはロシアや中東諸国がそれぞれ有望国である（**図2-2-4**）。

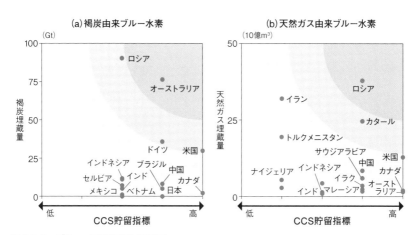

図2-2-4　ブルー水素製造の有望国
（a）が褐炭由来の、（b）が天然ガス由来のブルー水素に関する埋蔵量とCCS貯留指標（CCS Storage Indicator）の関係。〔出所：Global CCS Institute「CCS STORAGE INDICATOR（CCS-SI）」〕

水素の活用方法とCN燃料の原料としての水素

　このように各国それぞれが自国のエネルギー・産業政策の観点から水素に対して戦略的な取り組みを強化している。では、実際どのような用途での活用が主に想定されているのだろうか。この観点から参考になるのが、欧州が発表している水素戦略の中でのCN水素活用の方針である（**図2-2-5**）。

　この中で、短中期的にCN水素活用が有望視されているのは、合成燃料に加え、アンモニアやメタノールなど従来も水素が原料として活用されている用途での脱炭素オプションとしての活用、およびビル暖房の熱源のような既設のガス供給網への混入により化石燃料代替が容易な熱利用用途などである。また、中長期的には、大型トラックや船舶など中大型の輸送機器用燃料としての活用を有望視している。

　一方で、水素を利用するという観点から日本で最も注目を集めてい

る乗用燃料電池車（FCV）用途や火力発電燃料への水素混焼などに関しては、あまり有望視していない。これは、電気自動車（EV）やREの普及を推進する欧州自身の他の産業政策との整合性を取るためという側面もあるが、水素や燃料電池などの技術的特性を踏まえても一定の合理性がある。CNのトレンド自体を主導する欧州が提唱する方向性のため、今後グローバルにもこのようなCN水素活用の有望用途の考え方が広く普及していくことも考えられる。

　このように活用用途についても様々な見方のある水素だが、グローバルな輸出入を前提としたグローバルサプライチェーンの構築をにらんだときに重要となるのは、その輸送と貯蔵のインフラをどのように構築するか、という点である。この観点で、そもそも水素を気体のま

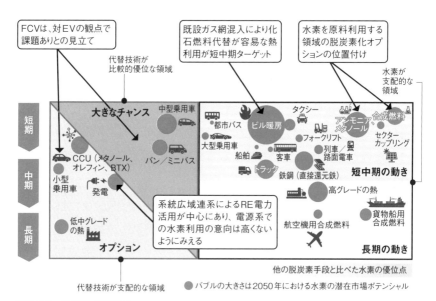

図2-2-5　欧州の水素戦略
BTXとはベンゼン、トルエン、キシレンの略称。バブルの大きさは2050年における水素の開発ポテンシャルを示す。EVは電気自動車のこと。〔出所：欧州燃料電池水素共同実施機構（FCH JU）「Hydrogen roadmap」（2019年1月発行）〕

ま海上輸送するというのは現実的ではないため、何らかの形で状態・物質変換をすることが必要となる。

　水素の運搬媒体（キャリアー）の中で、特に有望視されているものとしては、液化水素・有機ハイドライド〔MCH（メチルシクロヘキサン）など〕・アンモニア（NH_3）・メタンなどが挙げられる（**図2-2-6**）。このうち、最もインフラ整備のコストがかかるのが、水素を極低温に保つことで液化する液化水素である。この場合、変換から輸送・貯蔵に至るまで新たな設備が必要となり、かつ極低温に保つためにそのコストも膨大なものとなる。

　では、化学変換を伴うその他キャリアー間の優劣比較はどうか。輸送・貯蔵のサプライチェーン構築の観点では、いずれも既存の受け入れ基地やタンカーなどが技術的には流用可能である。その意味では投資負担は一定程度抑えられるが、メタンは液化天然ガス（LNG）として液化・輸送する際の液化・輸送・貯蔵コストが大きく、有機ハイ

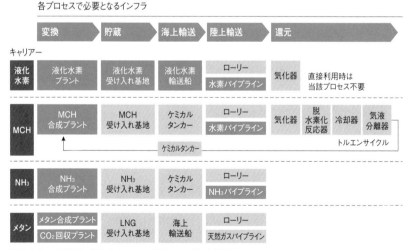

図2-2-6　国際サプライチェーン構築に向けて必要なインフラ
（出所：各種資料を基にADLが作成）

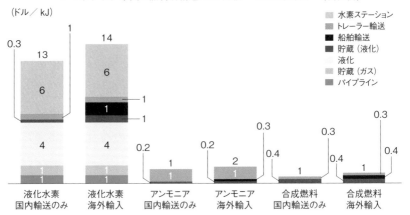

図2-2-7　水素キャリアー間の輸送コスト比較
（出所：エキスパートインタビューおよび各種2次情報を基にADLが算定）

ドライドも脱水素に関するコストがかかってくる。

　一方、NH₃は発電用タービンや各種内燃機関など発電用や船舶向け
輸送用燃料といった直接利用が可能な用途においては、エネルギー
チェーン全体としてのエネルギー利用効率を高めることができる。

　これらを考慮すると、液化水素よりもアンモニアや合成燃料をキャ
リアーとしたほうが、輸送コストは10分の1以下に低減できる可能
性が高い（**図2-2-7**）。

第3節

合成燃料の鍵握る
原料としてのCO₂

前節では、合成燃料の原料ともなるカーボンニュートラル（炭素中立、CN）な水素の動向について整理した。本節と次節は、バイオ燃料と並び、輸送機器用のCN燃料として注目を集めている合成燃料（e-fuel）についてみていく。まず本節では、水素と共に合成燃料の原料となる二酸化炭素（CO_2）の回収方法について解説する。

合成燃料の実用化の鍵はCO_2分離・回収技術

　合成燃料の製造方法としては、様々なプロセスが検討されている（**図2-3-1**）。この中で、CN燃料として認定を受けるには、基本的には水素（H_2）とCO_2を原料とする必要がある。ここで重要になるのが、合成ガスの生成に必要な多量かつ高濃度なCO_2をいかに確保するか、

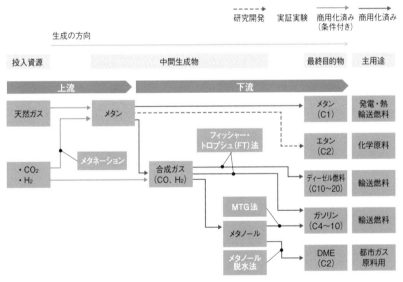

図2-3-1　合成燃料の体系的生成フロー
MTGはMethanol To Gasolineの略、H_2は水素、COは一酸化炭素、DMEはジメチルエーテルのこと。〔出所：経済産業省「カーボンリサイクル技術ロードマップ」（2019年6月）、日本化学会「化学と教育」（2018年）などの2次情報からADLが作成〕

という点である。CO₂自体は、大気中にも一定程度含まれているが、合成燃料などの工業原料として利用するためには、その分離・回収技術が鍵となる。

　また、大気中のCO₂は温暖化ガスの1つでもあるため、CO₂を回収することで大気中のCO₂濃度を下げることができれば、より直接的に地球温暖化対策にも貢献できるという一石二鳥の効果も期待できる。

　このような背景から、近年、CO₂回収・有効利用・貯留（Carbon dioxide Capture, Utilization and Storage、CCUS）と呼ばれる技術が注目を集めている（図2-3-2）。CCUSは、CO₂回収・貯留（Carbon dioxide Capture and Storage、CCS）とCO₂回収・有効利用（Carbon dioxide Capture and Utilization、CCU）に大別される。

　CCSは、プラントなどのCO₂発生源や大気中からCO₂を分離・回収し（Carbon Capture）、回収したCO₂を大気に放出しないように地中貯留もしくは海洋隔離を行う技術。CCUは、CO₂を作動流体として直接活用したり合成燃料や化成品などへ有価変換したりすることによって活用する技術とされる。

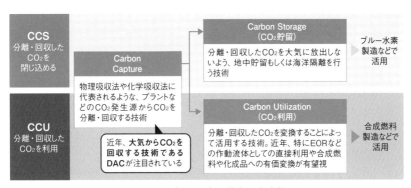

図2-3-2　CO₂回収・有効利用・貯留（CCUS）の技術の大分類
CCUSはCarbon dioxide Capture, Utilization and Storageの略。CCSはCO₂回収・貯留（Carbon dioxide Capture and Storage）、CCUはCO₂回収・有効利用（Carbon dioxide Capture and Utilization）のこと。DACはDirect Air Captureの略。EORはEnhanced Oil Recoveryの略で原油増進回収を指す。（出所：ADL）

CNな合成燃料の製造工程に即してみれば、CCSは原料であるブルー水素の製造プロセスで発生したCO_2の回収・貯留で利用され、CCUは合成燃料のもう一方の原料であるCO_2の製造に用いられる。

　このようなCCUS技術を実用化していくうえで鍵となるのが、前段のCO_2の分離・回収技術であり、様々な手法が提唱されている（**表2-3-1**）。代表的なCO_2発生源の1つである火力発電所を例にとると、回収工程としては、化石燃料の燃焼後の排出ガスからCO_2を分離・回

技術分類		メカニズム	課題	
燃焼後CO_2回収技術	化学吸収	● ガス分子と液体中の反応成分（主にアミン吸収薬を利用）の化学的結合により、CO_2を分離する	● 技術的には成熟しているが、分離・回収にエネルギーを要するため所内率増となり、出力が2割程度低下	
	物理吸収	● 高圧下でガス分子を液体に直接溶解させることでCO_2を分離し、脱圧で液体から脱離させる	● 分離・回収にエネルギーを要するため所内率増となり出力が2割程度低下 ● 燃焼前回収技術であり、火力発電ではIGCCにしか適用できずIGCCが普及しなければ本技術の普及も見込めない	
	物理吸着	● 活性炭やゼオライトなどの固体吸着剤にCO_2分子を吸着し除圧または加熱によってCO_2を脱離させる	● 分離・回収にエネルギーを要する（所要エネルギー目標は1.5GJ／t-CO_2であり、化学吸収法の6割程度）	
	膜分離	● 固体の薄膜を利用し、透過選択性を利用して混合ガスの中からCO_2を分離する	● 燃焼前回収技術であり、火力発電ではIGCCにしか適用できず、IGCCが普及しなければ本技術の普及も見込めない	
DAC		● 大気中のCO_2（400〜500ppm）を分離・回収する技術	● 分離・回収にエネルギー（現状では熱・電気エネルギー合計で少なくとも5GJ／t-CO_2以上）を要する ● 分離・回収のための前処理などが不要な半面、気温・湿度や天候による影響があるとされている	

表2-3-1　CO_2を分離・回収する技術の課題とコスト動向
所内率とは、発電所において発電機の出力のどの程度を発電のために消費するかを示す割合のこと。IGCCとはIntegrated coal Gasification Combined Cycleの略で、石炭をガス化して発電に利用する石炭ガス化複合発電のこと。（出所：各種2次情報を基にADLが作成）

収する方法が一般的である。その回収方法としては、化学吸収法、物理吸収法、物理吸着法、膜分離法の4つの方式が提唱されている。

この中で、現在、商用化レベルに至っているのは化学吸収法のみであり、さらなる普及に向けては現状の2分の1〜4分の1程度と大幅なコスト低減が求められる段階にある。

一方で、火力発電所のような既存のCO₂発生源からではなく、大気中のCO₂を直接分離・回収する技術であるDAC（Direct Air Capture）

	実用レベル	商用時期	分離・回収コスト 日本政府 目標値		
			現状	2030年	2040年
	商用化	—	4000 (円／t)	2000 (円／t)	数百円〜1000 (円／t)
	実証実験	2025年	—	1000 (円／t)	数百円〜1000 (円／t)
	実証実験	2025年	—	1000〜2000 (円／t)	数百円〜1000 (円／t)
	実証実験	2030年	—	1000 (円／t)	数百円〜1000 (円／t)
	要素研究	2040年	3万〜6万 (円／t)	1万 (円／t)	2000 (円／t)

にも近年注目が集まっている。DACに関しても、CO_2の分離・回収の方式としては、燃焼後CO_2回収技術と大きく変わらず化学吸収法、物理吸着法、化学吸着法、膜分離法などがある。現在の技術レベルでは化学吸収法と化学吸着法がDACにおけるCO_2分離方法としてリードしている状況だが、各方式において分離効率化によるエネルギーコスト削減が課題として挙げられる（**表2-3-2、2-3-3**）。

短中期的にはCCU、中長期的にはDAC

以上のように、実用化に向けた技術開発が進みつつあるCCUと

| | 吸収法（液体） | 吸着法（固体） | |
	① 化学吸収（炭酸塩）	② 物理吸着法	③ 化学吸着法
特徴	大気中のCO_2をアルカリ溶液に溶解させ、炭酸塩を生成。最終生成物の炭酸塩を焼成することでCO_2を放散	大気中のCO_2を無機多孔体へ吹き込み、物理的に吸着させ担持。熱や圧力を掛けることでCO_2を放散	大気中のCO_2をアミン担持多孔体などへ吹き込み、化学的に吸着。熱や圧力を掛けることでCO_2を放散
開発状況	実証フェーズ ●CCSの技術や知見が流用可能であり、実証段階まで開発進む（カーボンエンジニアリング）	実証フェーズ（初期） ●潜水艦などでのCO_2除去は商用段階も、DAC用途では実証初期段階（2030年ごろに立ち上がる可能性）	実証・商用フェーズ ●クライムワークスがDAC施設の商用化を行うなど、プレーヤーが多く存在し、活発に開発が進む
優位点	●既存の施設および技術が流用可能の見込み ●CO_2の高純度化が可能（～99.99%） ●1サイクルで大量のCO_2を回収可能	●小〜中規模施設への適用が可能（モジュール型） ●物理的な吸着のため、CO_2の放散エネルギーは原理的に少ない ●容量は比較的優れる	●小〜中規模施設への適用が可能（モジュール型） ●吸着剤素材の選択肢が多様（アミン系・イオン系など） ●放散エネルギーは比較的少ない
課題点	●CO_2の放散は高温下で行うため、大量の熱エネルギーが必須 ●原理上エネルギーコスト削減余地が少ない ●運用には大規模施設（化学プラント）が必要	●現状湿度に弱く、除湿などの前処理が必須であり、設備の複雑化・エネルギー増の懸念あり ●吸着剤は開発途上であり、特に耐久性面での性能向上余地が存在	●CO_2の放散方法（熱・圧力・水蒸気など）の組み合わせによっては、大きなエネルギーが必要となる ●吸着剤の性能向上余地が存在（各プレーヤーが独立して開発中）

DACであるが、合成燃料の原料であるCO₂の製造に活用するには、一長一短がある。まずCCUについては、CO₂回収過程で産業分野でのCO₂排出量の削減にも貢献可能という利点がある。結果として産業分野での既存アセットを長く使用し続けられるようになる。DACとの比較論で言えば、既に商用段階に入った事例も存在するなど、技術開発やコスト削減の進展度では先行している。

　一方で、最大の課題としては、欧州委員会がCCU由来のCO₂を原料に製造した合成燃料をCN燃料として認定しない可能性が残っている点である。これは、前述の利点の裏返しだが、CCUSを併設することで時代遅れの産業プラントや石炭火力発電所などの延命につながる

	④ 膜分離法 （有機膜・無機膜）	⑤ 深冷分離法
	CO₂選択膜に大気を繰り返し透過させることで濃縮。圧力を掛けることでCO₂を放散	CO₂を含む大気全体を冷却し、沸点・融点の差を利用してCO₂をドライアイスとして分離
	開発フェーズ ● 現在は研究開発段階 　（九州大学・藤川研など）	開発フェーズ ● 技術的には製造可能であるが、400ppmの大気CO₂への適用は現実的でなく、いまだ開発段階
	● コンパクト性・ユビキタス性に優れ、設置条件の制約が少ない ● 基本的に多段に組むことでCO₂分離・濃縮を行う	● 超高純度化が可能 　（99.999＋％） ● 極めて高い純度が求められる応用先（化学利用）には必須となる可能性
	● 高純度達成は難しい ● 不純物に弱く、前処理が必要となる（膜次第） ● 多段プロセスのため継続的な圧力制御が必要であり、電気エネルギーコストが高くなる懸念あり	● 化学プラントなどの大規模施設が必須であり、設備コストが高い ● 運用には熱・電気エネルギーが多量に必要であり、エネルギーコストが高い

表2-3-2　DACにおけるCO₂分離方法の分類と特徴（その1）
カーボンエンジニアリングはカナダCarbon Engineering、クライムワークスはスイスClimeworksのこと。（出所：エキスパートインタビューを基にADLが作成）

	吸収法（液体）	吸着法（固体）	
	❶ 化学吸収（炭酸塩）	❷ 物理吸着法	❸ 化学吸着法
運転条件 （吸収）	● 常温	● 常温	● 常温
運転条件 （放散）	● ～900度	● やや加熱 （～100度） ● 手法により低圧力	● やや加熱 （60～100度） ● 手法により低圧力
設置条件 （気候・環境など）	● NA（極低温は忌避）	● 砂漠などの乾燥地帯 が好まれる	● NA
設置必要面積	● 大規模（プラント）	● コンパクト	● コンパクト
回収純度（%）・ 将来想定	● 99.9＋	● ～98.99（最大）	● ～98.99（最大）
吸着剤種類	● アルカリ溶液	● ゼオライト・MOFなど	● アミン担持多孔体など
吸入空気条件 温度範囲	● NA（極低温は忌避）	● NA	● NA
湿度範囲	● NA	● 低湿度が必須	● 低湿度が好まれる
前処理が必要な 不純物の有無 （NO_x、SO_xなど）	● NA	● 前処理が必要 （吸着される成分の 除去）	● 前処理が必要 （吸着される成分の 除去）
想定エネルギー源 （電気／熱）	● 熱（天然ガス・水素な どの燃焼による高温）	● 熱（地熱・電熱） ● 電気（圧力使用時）	● 熱（地熱・電熱） ● 電気（圧力使用時）

ことを避けたいからだ。結果的に、EU内で規制が進み、DAC由来が優位になる可能性がある。

　CCUのより原理的な課題としては、産業分野で回収したCO_2を、結局は輸送機器から排出することから、トータルでのCO_2削減率は50％にしかならないという点である。一方、DACは大気中に存在するCO_2を回収するため、原理的には完全にCNであるといえる。

　また、工場や発電所などの既存のCO_2発生源がない場所でも実施が可能となる点もDACの強みである。DACの実用化に向けた最大の課題は、技術的に未成熟でコストも現状ではCCUの10倍以上と高い水準にある点だ（図2-3-3）。

	④ 膜分離法 （有機膜・無機膜）	⑤ 深冷分離法
	● 常温	—
	● 低圧力	—
	● NA	● NA
	● さらにコンパクト	● 大規模（プラント）
	● 多段階処理のため、 定義難しい	● 超高純度（99.999＋）
	● 分離膜	● NA
	● NA	● NA
	● NA	● NA
	● 前処理が必要（膜種類による）	● NA
	● 電気（連続的に必要）	● 熱（天然ガス・水素などの 燃焼による高温） ● 電気（大量）

表2-3-3　DACにおけるCO₂分離方法の分類と特徴（その2）
NAは不明の意。MOFはMetal Organic Frameworkの略で、金属有機構造体のこと。（出所：エキスパートインタビューを基にADLが作成）

　合成燃料の製造に向けて実証実験を推進しているプレーヤーも、CCU由来のCO₂を使うかDAC由来のCO₂を使うかで顔ぶれが異なる（表2-3-4）。CCUは石油会社など大量のCO₂排出源を持つ企業が中心になって取り組んでいる。これに対して、DACは、スタートアップ企業や自動車メーカー、エンジニアリング会社など高濃度のCO₂排出源を持たない企業が大半を占めている。

　以上を踏まえると、合成燃料製造においても短中期的にはCCUベースのCO₂を用いることが現実解である。一方で、中長期的には真にCNな解決策となり得るDACベースのCO₂を用いることが理想解だろう。このためにはDACの技術開発とコスト削減を加速させる必要がある。

CCU

	+	
産業分野でのCO₂排出量の削減	・自社工場などからのCO₂排出量を削減可能 ・上記によって、既存アセットを長く使用し続けることが可能	
コストや技術メリット	・DACは非常にコストが高く、技術もいまだ確立されていないため、コストや技術の点ではCCU形式が有利	
EUでCN燃料と認められない可能性	・欧州委員会は時代遅れの産業プラントや石炭火力発電所などの利用を長引かせないために、バイオマスやDAC由来のCO₂回収を推進 ・EU内で規制が進み、DAC由来が優位になる可能性がある	

	−	
産業分野でのCO₂排出許容の懸念	・CCU形式を許容してしまうと、旧来の火力発電などのCO₂を大量に排出する産業の継続が促されてしまう可能性 ・欧州委員会はその可能性を払拭するためにDACを推進	
トータルでのCO₂削減率の低さ	・産業分野で回収したCO₂を結局、輸送機器から排出しているため、トータルでのCO₂削減率は50%にしかならない	

DAC

	+	
完全なCN燃料	・DAC由来のCO₂×グリーン水素による合成燃料への取り組みは、環境負荷への疑問を投げかけるような要素が一切ない ・大気からCO₂を回収するため、CO₂発生量がマイナス	
CO₂濃度の低い場所への適用	・DACを使用すれば、CO₂濃度の低い場所でも活用することが可能	

	−	
コストの高さ・技術成熟不足	・DACはCCUと比較しコストが高い ・DACは技術的に未成熟	

図2-3-3　CCUとDACの特徴
EUは欧州連合のこと。（出所：エキスパートインタビューを基にADLが作成）

DACの実用化見通しは？

　このようなシナリオを実現するためには、DACのコスト削減に向けたポテンシャルがどの程度存在するかの見極めが重要となる（**表2-3-5**）。

　DACに必要な要素技術の中でも最大の鍵とみられているのが、各種吸収・脱着方法との組み合わせの中で、「Air Contactor」と呼ばれる大気との接触層をいかに最適に設計するかである。

　加えて、CCUSを含めたCO₂分離・回収における共通課題として、新しい材料〔吸収材（剤）、吸着材（剤）、分離膜〕の開発（選択性、容量、耐久性の向上）や基材の製造コストの低減、プロセスの最適化

	企業プロジェクト名	概要	
C C U ＋ 水 素	Westkuste 100	実証事業、ドイツ・ハイデ製油所含む工業地帯でCO_2回収および洋上風力由来の合成燃料の製造を企図	大量のCO_2排出源が存在する企業がCCUに取り組む傾向
	FReSMe プロジェクト	CRIなど11事業者の共同体がメタノール生産を実証。CO_2源は鉄鋼プラント	
	トタルエナジーズ	ドイツの製油所が2021年に稼働。事業費1億5000万ユーロの支援をドイツ政府から受ける。メタノールなどの製造を企図。電解槽はサンファイアのものを使用	
	BP	ドイツのリンゲン製油所でのCCUを検討中で2022年に投資判断を実施	
	レプソル	サウジアラムコと共に、製油所から回収されるCO_2を利用して合成燃料の製造を企図。2024年に操業開始予定	
D A C ＋ 水 素	ノルディック ブルークルード	CO_2源は鉄鋼プラントとDACの両方を予定。水素は水力発電由来の電力供給源で、サンファイアの電解技術、クライムワークスのDAC技術を使用	高濃度のCO_2排出源がない企業がほとんど。自動車メーカーやエンジニアリング会社などが多い傾向
	カーボン・ エンジニアリング	エンジニアリング会社。カナダの安価な水力発電水素を使用予定	
	アウディ	スイスの安価な水力発電を用い、CO_2はクライムワークスのDAC技術を用いる	
	ドイツ政府 プロジェクト	ドイツ連邦教育研究省（BMBF）によるプロジェクト。クライムワークスのDAC技術とサンファイアの電解技術を採用	
	ノルスク イーフューエル	サンファイアやクライムワークスなどの4つの企業から構成されるジョイントベンチャー。ノルウェー内の航空会社に燃料の適用を企図。クライムワークスのDAC技術とサンファイアの電解技術を採用	
	Haru Oni プロジェクト	チリのパタゴニアにある風力資源を使用して水素を生産。AME、HIF、エナップ、エネル・グリーン・パワー、シーメンス、ポルシェ、BMWi、エクソンモービルが参画企業であり自動車メーカーが目立つ	

表2-3-4　合成燃料の製造プレーヤー [2-3-1]
CO_2としてCCU由来のものを使うか、DAC由来のものを使うかでプレーヤーの傾向が異なる。（出所：経済産業省合成燃料研究会「中間取りまとめ」）

（熱、物質、動力など）、設備・運転コストおよび所要エネルギーの削減などが挙げられる。

　では、これら要素技術がコスト削減にどのように寄与するのだろうか。現状のDACのコストでは、資本的支出（CAPEX）としての設

技術開発課題		比率*	コスト構成要素		
DAC個別課題	● 大気との接触技術（Air Contactor）の開発 ● Air Contactor設計に関して、各種吸収・脱着方法の最適化検討 ● 分散型（小型化）の開発 ● 大規模型（高効率化）の開発	中 (20〜30%)	CAPEX (Air Contactor設備)		
CO₂分離・回収との共通課題	● 新しい材料〔吸収材（剤）、吸着材（剤）、分離膜〕の開発（選択性、容量、耐久性の向上） ● 基材の製造コストの低減 ● プロセスの最適化（熱、物質、動力など） ● 設備・運転コストおよび所要エネルギーの削減	大 (70〜80%)	OPEX	エネルギーコスト	エネルギー効率 × REコスト
		小	その他		

備コストが約2〜3割、事業経費（OPEX）としての運転コストが約7〜8割を占める。このうちCAPEXは、上述のAir Contactorの最適化に加え、吸脱着材（剤）など分離・回収用の材料の新規開発やコスト削減を着実に進めることにより今後大幅なコスト削減が見込まれる。

　一方、運転コストの中でもその大部分を占めるエネルギーコストについては、再生可能エネルギー（RE）ベースの電力コストの低減が最も効果が大きい。同エネルギーコストも中長期的にはREの世界的普及と導入量拡大に伴い、さらなる低減が見込まれる。

　これらのコスト削減の見通しを織り込んだDACの今後のコストは、北米では2040年ごろには半減以下の水準まで下がる見通しだ（**図 2-3-4**）。現状、CO_2を1t製造するのに1万円以上かかっているが、2040年ごろにはREベースのグリーン電力が十分に普及することから

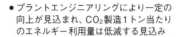

各ドライバーの見通し

- 主に下記の要因によって、現行のパイロットプラントより、CAPEXの大幅な低減が見込まれる
- 吸脱着材（剤）などの開発・大規模調達
- Air Contactor各種技術（接触、吸脱着方式）に関するプラント設計の最適化・大規模化

- プラントエンジニアリングにより一定の向上が見込まれ、CO₂製造1トン当たりのエネルギー利用量は低減する見込み

表2-3-5　DACの商用実装におけるコスト削減のポテンシャル
CAPEXは資本的支出、OPEXは事業経費、REは再生可能エネルギーのこと。O＆Mとは運用（Operation）と保守点検（Maintenance）のこと。（出所：経済産業省の資料など各種2次情報を基にADLが作成）

- REコストは普及および稼働率の向上により大幅に低減する見込み

- 技術成熟に伴いO&Mコストは一定程度低減

＊2020年時点

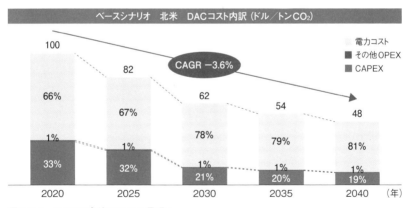

図2-3-4　DACの今後のコスト見通し
CAGRは年平均成長率のこと。〔出所：「Techno-economic assessment of CO₂ direct air capture plants」（2020年、LUT University）を基にADLが作成〕

グリーン電力のコストが大幅に下がるとみられるからだ。

＊2-3-1　CRIはアイスランドCarbon Recycling International、トタルエナジーズはフランス
TotalEnergies、サンファイアはドイツSunfire、BPは英BP、レプソルはスペインRepsol、サウジア
ラムコはサウジアラビアSaudi Arabian Oil（Saudi Aramco）、ノルディックブルークルードはノル
ウェーNordic Blue Crude、アウディはドイツAudi、クライムワークスはスイスClimeworks、カー
ボン・エンジニアリングはカナダCarbon Engineering、ノルスクイーフューエルはノルウェーに拠
点を置くコンソーシアムのNorsk e-Fuel、AMEはチリAndes Mining & Energy（アンデス・マイニ
ング・アンド・エナジー）、HIFはAMEの子会社の同Highly Innovative Fuels、エナップは同
ENAP、エネル・グリーン・パワーはイタリアEnel Green Power、シーメンスはドイツSiemens、
ポルシェは同Porsche、BMWiはドイツ連邦経済エネルギー省、エクソンモービルは米Exxon
Mobilのこと。

第 4 節

合成燃料はどこまでCNか、コストは下がるか

前々節と前節では、合成燃料の原料となる水素（H₂）と二酸化炭素（CO₂）の製造・回収動向について見てきた。本節では、これらH₂とCO₂から合成燃料を製造するプロセスと、原料の製造方法の違いによる合成燃料のカーボンニュートラル（炭素中立、CN）燃料としての位置付け、およびコスト低減の見通しについて整理してみたい。

合成燃料製造プロセスの肝は合成ガス生成

　CO₂やH₂を原料とする合成燃料の製造プロセスには、前節でも紹介したように複数の方法が存在している（**図2-4-1**）。その製造の起点として最もよく用いられているのはメタンである。メタンは、天然ガ

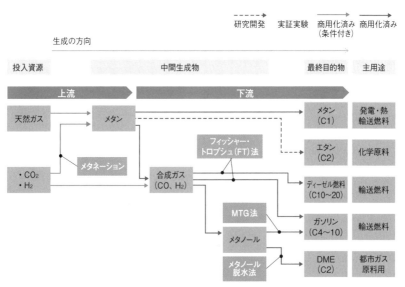

図2-4-1　合成燃料の体系的生成フロー
MTGはMethanol To Gasolineの略、COは一酸化炭素、DMEはジメチルエーテルのこと。〔出所：経済産業省「カーボンリサイクル技術ロードマップ」(2019年6月)、日本化学会「化学と教育」(2018年) などの2次情報からADLが作成〕

スからの改質でも生成可能であるが、CO_2とH_2を合成して製造することもでき、このプロセスをメタネーションと呼ぶ。

　生成されたメタンをさらに熱分解して、一酸化炭素（CO）とH_2から成る合成ガスを生成する。これを再合成することでディーゼル燃料（軽油）やガソリンを直接生成するのがフィッシャー・トロプシュ（FT）法と呼ばれるプロセスである（**図2-4-2**）。

　FT法のようにガスから液体燃料を生成するプロセスはGTL（Gas To Liquid）とも呼ばれ、すでに世界中で実用化が進みつつある確立された技術である。合成ガスから液体燃料を生成する他のプロセスとしては、メタノールを経由してガソリンを生成するMTG（Methanol To Gasoline）法と呼ばれるプロセスも存在する。ただし、コスト面からはFT法のほうが有利といわれている。

　一方で、メタンからCOとH_2の合成ガスを生成する方法としては、現状では主に逆シフト（Reverse Water Gas Shift、RWGS）反応と

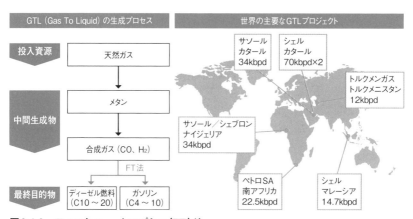

図2-4-2　フィッシャー・トロプシュ（FT）法
サソールは南アフリカSasol、シェルは英Shell、トルクメンガスはトルクメニスタン国営企業のTurkmengas、シェブロンは米Chevron、ペトロSAは南アフリカ国営企業のPetroSAのこと。bpdは、1日当たりのバレル。〔出所：石油天然ガス・金属鉱物資源機構（JOGMEC）「国産GTL技術開発の現状と今後について」、川崎重工業プレスリリースを基にADLが作成〕

呼ばれるプロセスが主流となっている。メタンを水蒸気改質すると、H_2とCOの他にCO_2が得られる。そのCO_2をCOに還元するのにこのプロセスを利用する。COとH_2O、およびCO_2とH_2の間の平衡反応（シフト反応）を触媒でCO側、すなわち逆向きに偏らせることから、逆シフト反応と呼ばれている。

ただし、この方法は、反応温度が高くなることが課題である。このため、高温に耐え得る触媒や、反応プロセスの低温化の開発が進められているが、一方では逆シフト反応に代わる合成ガスの革新的な製造方法を確立しようと、CO_2電解や共電解、ケミカルルーピング、直接合成などさまざまなプロセスの研究も進められている（**表2-4-1**）。

		概要	
既存製造プロセス	逆シフト（RWGS）	● 平衡反応であるシフト反応を逆向きに進行させる反応。逆シフト反応を進行させるには、高温下（600℃）で触媒を用いた反応が必要	
革新製造プロセス	CO_2電解	● 電気分解（電解）装置を用いて、電解によりCO_2をCOに電気化学的に還元する手法。低温下でも反応が進行するため、高耐久性が期待され、長時間運転への対応が可能	
	共電解	● 水電解とCO_2電解を同時に行う手法。合成ガスへの転換をワンストップ化することにより、効率的な製造が可能	
	ケミカルルーピング	● 複合酸化物（Cu-In$_2$O$_3$など）を水素で還元し、還元した複合酸化物をCO_2と反応させ、平衡が制約とならないようCO_2とH_2を交互に供給することで、反応温度の低温化が可能	
	直接合成	● 逆シフトとFT合成を同時に実現し、CO_2とH_2から直接、炭化水素を製造する手法	

表2-4-1　CO_2とH_2から合成ガスを生成するプロセスの概要・課題
Cu-In$_2$O$_3$は、銅とインジウムの複合酸化物。（出所：経済産業省 合成燃料研究会「中間取りまとめ」、早稲田大学「低温でCO_2を資源化する新材料発見」、各エキスパートインタビューを基にADLが作成）

主流となる原料の組み合わせ

　上記の合成プロセスで製造される合成燃料であるが、最近、「e-fuel」という表現もよく用いられる。ただし、現状では「合成燃料 = e-fuel」ではない。

　どういうことかというと、e-fuelとは、もともと欧州〔欧州連合（EU）〕が自らのCN戦略の中で定義したもので、あくまでその原料となるH_2やCO_2の製造・収集段階からCN、すなわちCO_2を排出しない合成燃料を指しているためだ。

　その意味では、e-fuelの原料として使うH_2とCO_2の製造方法として、H_2は再生可能エネルギー（RE）による電力を用いたグリーン水素を、

	技術課題	化学式
	●低温下で工業的に使用されているシフト反応用の触媒を流用することは困難であり、高温に耐え得る触媒の開発が必要	●$CO_2 + H_2 \rightarrow CO + H_2O$
	●現存する電解装置では大規模かつ安定的にCOを生成することができないため、複数の電解装置を一体運用するための設計開発が必要	●$CO_2 \rightarrow CO + 1/2O_2$
	●CO_2電解と同様、電解装置の大型化が必要 ●高温下の反応で、電解装置の劣化や副反応が起こるため、電解装置の耐久性向上や副反応の制御が課題	●$H_2O + CO_2 \rightarrow H_2 + CO + O_2$
	●基礎研究段階 ●サイクルを数多く重ねた際の特性などを検討し、より高い性能をより長く発揮し得るものに仕上げていくことが必要	●$MO_x + \delta H_2 \rightarrow MO_{x-\delta} + \delta H_2O$ ●$MO_{x-\delta} + \delta CO_2 \rightarrow MO_x + \delta CO$
	●基礎研究段階 ●逆シフト反応とFT合成反応のいずれの反応も進行させ、かつ生成する炭化水素のCの数が大きい触媒の開発が必要	●$nCO_2 + mH_2 \rightarrow C_nH_{2(m-2n)} + 2nH_2O$

CO_2にはDAC（Direct Air Capture）により大気中から直接回収したものを用いることが前提となっている（**図2-4-3**）。

　従って、現在日米などで実用化が進みつつある天然ガスや褐炭などの化石燃料由来のブルー水素や、CO_2回収・有効利用（Carbon dioxide Capture and Utilization、CCU）によって火力発電所などの既存のCO_2排出源から回収したCO_2を活用した場合は、現時点ではEUの定めるe-fuelとは認定されない。

　この背景にあるのが、EUの掲げる理想主義だ。EUでは、スコープ1～3を含めた系全体でのCNの達成を掲げている。そのため、CCU由来の合成燃料を推進すると、火力発電所などの旧来のCO_2排出産業が継続されてしまうのではないか、との懸念があるといわれている。

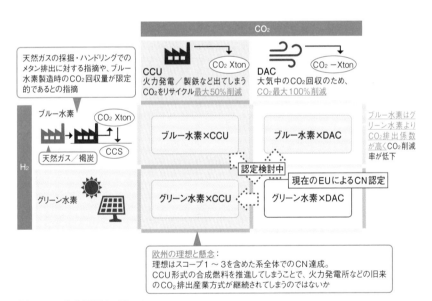

図2-4-3　合成燃料のパターン
CCSは、Carbon dioxide Capture and Storageの略でCO_2回収・貯留、CCUは、Carbon dioxide Capture and Utilizationの略でCO_2回収・有効利用のこと。（出所：京都大学大学院再生可能エネルギー講座「No.248　すれ違う日本と欧州のE-fuel」、ADL）

　一方で、鉄鋼・化学品分野など短期的なCN化が困難な既存産業が存在するのも事実である。そこで、ブルー水素やCCUによるCO_2回収プロセスでも、他が排出したCO_2を有効活用するのであれば、CO_2排出量の削減に大きく寄与するとの観点から、ブルー水素やCCUによるCO_2を利用して製造した合成燃料もe-fuelとすべきという考え方もあり、そうした認定を目指す動きも出てきている（図2-4-4）。

　また、より現実的な見通しとして、グリーン水素製造やDACの技術的成熟度の低さ、それに伴う調達の困難さ、コストの高さを勘案す

EUの理想と懸念	理想	スコープ1～3を含めた系全体でのCN達成。基本的には水素を推進するが、既存インフラや航続距離などの観点から水素化不可能なものへは、合成燃料を使用。グリーン水素は完全にCNのため、合成燃料への使用も検討可能だが、ブルー水素はカーボンフットプリントが少量発生しているため、水素単体での使用を検討。最も理想的な合成燃料はグリーン水素×DAC
	懸念	CCU形式の合成燃料を推進してしまうことで、火力発電所などの旧来のCO_2排出産業方式が継続されてしまう

現実	CO_2排出産業の存在	鉄鋼・化学品分野ではCO_2排出量の削減が困難であり、CNのためにはCCSまたはCCUを実施する必要がある
	ブルー水素・CCUでのCO_2削減効果	欧州は、系全体でのCN達成を目指すため、CO_2を排出する産業自体をなくそうとしているが、ブルー水素・CCU形式でも他が排出したCO_2を有効活用するため、排出量の削減には大きく寄与
	グリーン水素／DAC技術の成熟不足	グリーン水素やDACの技術自体は先進国で実装されつつあるが、新興国では技術不足
	グリーン水素の調達の困難さ	グリーン水素のみ合成燃料への使用を許可した場合、合成燃料に使用可能な水素の量が非常に限られる。グリーン水素は余剰電力から製造するため、直近での十分な製造量の確保は困難 一方で、ブルー水素の場合、天然ガスや褐炭から製造するため、グリーン水素より製造量の確保が容易
	グリーン水素のコストの高さ	グリーン水素の製造コストは、現状、ブルー水素よりも高いため、コスト競争力を持った合成燃料を販売しようと思うと、ブルー水素が有利

図2-4-4　合成燃料の理想と現実
（出所：ADL）

ると、短中期的にはブルー水素やCCUベースのCO_2を原料とした合成燃料のほうが実用化に近いとの見方もある。

合成燃料のコストはどこまで下がるか？

このように、CN実現に向けた貢献度という観点では、e-fuelの定義拡張に様々な意見が存在している中で、現実論として普及に向けた最大のポイントとなるのが合成燃料の製造コストがどこまで下がるか、という点だろう（**表2-4-2**）。

合成燃料の製造コストのうち、大半を占めるのがH_2の製造コストである。グリーン水素の場合、現状では合成燃料コスト全体の約8割を占める。このグリーン水素の製造コストのうち、7割をH_2Oの電気分解に使用するRE由来の電力コストが、約1割を反応のための電解槽運用コストが占めている。ただしこの比率は、欧州における現状のRE由来の電力コストを前提としたものであり、地域によってこの比率や製造コストは変化する。

		コスト削減施策		コスト削減余地	
グリーン水素製造コスト	REコスト	PVパネルコスト削減、洋上風力活用などにより、RE発電コストを削減	高	RE普及拡大により、機器・設備のさらなるコスト削減が見込まれている	
	電解槽コスト	大型化により、スケールメリットでコストを削減	中	大型電解槽が開発中で、コスト削減が見込まれる	
CO_2回収コスト	CO_2分離回収装置コスト	化学吸収法のコスト削減、新方式開発によるコスト削減	高	2030年で30〜50%のコスト削減が見込まれる	
e-fuel合成コスト	逆シフト反応製造コスト	高温に対応できる触媒開発などにより製造を効率化	中	触媒開発などにより、コスト削減が見込まれる	
	FT合成製造コスト	FT合成プロセスの高効率化（省エネ促進など）	低	成熟技術でありさらなるコスト削減は見込みにくい	

＊グリーン水素ベースでの合成燃料製造コストを100とした場合

　これに対して、CO_2回収コストとH_2とCO_2から燃料を合成するコストは、それぞれ合成燃料コスト全体の1割程度である。従って、グリーン水素の製造コストの低減に最も寄与するのは、RE由来の電力コストの低減ということになる。この部分については、今後世界的な太陽光発電や洋上風力発電の導入量増加に伴い、30～70％程度のコスト削減余地が存在する。

　また、これ以外のコストについても、電解槽運用コストも電解槽の大型化により30～40％のコスト低減が見込まれ、CO_2回収コストに関しても、DAC技術の革新・改良により40～70％程度のコスト低減が見込まれる。

　グリーン水素の地域によるコスト水準の違いや将来的なコスト低減余地を織り込んだうえで、ブルー水素とコストを比較すると、まず2020年時点ではガス由来ブルー水素×CCUの合成燃料の製造コストが最も安い（**図2-4-5**）。特に日本や東南アジアは他国と比べREコストが高く、グリーン由来の合成燃料が相対的に高い。

　だが、2030年には、各国ともにREコストの低下が進み、グリーン

	コスト比率* （欧州現状）	コスト削減余地 （現状→2040年ごろ）
	70	△30～70%
	10	△30～40%
	10	△40～70%
	5	△0～20%
	5	△0～10%

表2-4-2　e-fuelの製造コスト削減施策
PVは太陽電池、REは再生可能エネルギーのこと。（出所：ADL）

水素やDAC形式の合成燃料価格が下がる。特にREの導入が進む欧米や中国、オーストラリアなどではブルー水素由来の合成燃料とグリーン水素由来の合成燃料が逆転し始める見込みである。

2040年になると、さらにREコストが低下し、グリーン水素やDAC形式の合成燃料の価格競争力が増加する。ただし、日本や東南アジアでは依然として、ブルー水素由来の合成燃料と比較してグリーン水素由来の合成燃料の価格は高い水準にとどまる見込みである。

国ごとに異なる合成燃料へのスタンス

こうした背景を踏まえて、合成燃料に対する各国のスタンスは大き

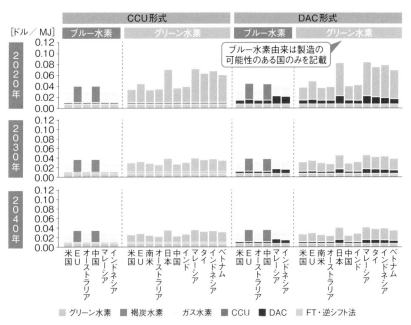

図2-4-5　合成燃料の製造コストの予測
（出所：ADL）

く異なっている（**図**2-4-6）。

　合成燃料への取り組みが現状最も進んでいるのはCN化を主導する欧州である。グリーン水素を前提と考えるのは各国共通だが、CO_2の製造方法に関しては、欧州各国の中でもそのスタンスは異なっている。最も理想主義的で、本来のe-fuelの定義（グリーン水素×DAC由来CO_2）にこだわっているのが英国だ。逆に、工業国であるドイツはむしろCO_2についてはCCU由来のものもe-fuelとして認定されるべきだとのスタンスをとる。フランスなど他の欧州諸国はその中間的なスタンスである。

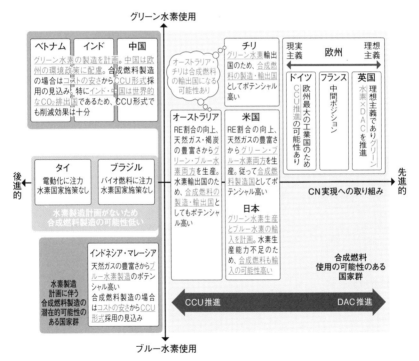

図2-4-6　合成燃料に対する国別のスタンス
（出所：ADL）

実際、ドイツにおいては、2021年末に社会民主党（SPD、社民党）、自由民主党（FDP）、緑の党による3党連立新政権が組成され、特にCN政策には原理主義的な対応をとっている緑の党が与党入りした。これにより、さらなる電動化の加速など内燃機関やCN燃料に対する方針がどうなるかが注目を集めていた。だが、現状ではクリーンな電力と水素を用いて製造されるe-fuelを燃料とするエンジン車の使用を許可する方針との発表があり、政権交代後もより広く合成燃料を認める方針は堅持される見通しである（**図2-4-7**）。

　また、このためのe-fuel普及推進に向けた国際組織としてeFuel Allianceが設立され、世界中で170社の自動車関連企業やエネルギー会社などが参画している。特に、EUにおけるe-fuelの規格化などに向けたロビイング活動の主体となっている（**図2-4-8**）。

　一方で、先進国の中でも米国と日本は、水素に関してもグリーン、ブルー両にらみのスタンスである。ただし、米国は豊富な天然ガスやRE導入量を背景に、水素からの自給を前提としている。これに対して日本は、RE容量、すなわちグリーン水素製造能力にも限界があり、

合成燃料使用のエンジン車の許可

社会民主党（SPD）：左派系
自由民主党（FDP）：右派系

- SPDおよびFDP→
  化石燃料を使用するエンジン車の生産禁止に難色を示す
- FDP→
  乗用車向けのe-fuel技術のR&D投資を積極的に支持

緑の党：環境主義

- 緑の党→
  2030年までに化石燃料を使用するエンジン車の生産を禁止し、e-fuelについては、産業や船舶、航空機など限られた用途での使用だけ認めることを求める

 ドイツで発足した3党連立の新政権は、2030年までに最低1500万台のEVを普及させる目標を宣言。さらに、緑の党が譲歩する形で、クリーンな電力と水素を用いて製造される合成燃料のe-fuelを燃料とするエンジン車の新規登録が認められるように努めると発表

図2-4-7　ドイツ新政権のe-fuelに対する方針
〔出所：「ドイツ新政権がEVの普及目標」（2021年11月25日）〕

eFuel Allianceの概要	
概要	参画企業：170社（2023年3月時点）
参画企業例	自動車メーカー　　　マツダ、イベコ、ピエヒ・オートモーティブ 部品メーカー　　　　ボッシュ、ZF、マーレ、日本特殊陶業 燃料会社　　　　　　ネステ、サンファイア エネルギー会社　　　エクソンモービル、レプソル、シーメンス・エナジー
目標	e-fuelが持続的な気候維持に大きく貢献する燃料として、政治的受容と規制当局の承認を得ること
政治的要求	1. 全ての技術に開かれた規制アプローチを採用すること 2. EUが、e-fuelなどの水素由来製品の製造と使用を通じて、グローバルテクノロジーの最前線に立つこと 3. e-fuelと持続可能なバイオ燃料などの再生可能燃料の生産を奨励するため、エネルギー課税を変更すること 4. e-fuelと持続可能なバイオ燃料の温暖化ガス削減効果を認めること 5. グローバル生産を確立するための国際協力の強化 6. e-fuelの工業生産の促進
見通し	●2025年にe-fuelの生産を開始 ●2025年にe-fuel含有率は4%、製造コストは1.61～1.99ユーロ／Lと推定。2050年に石油由来燃料はe-fuelに100%置き換わり製造コストは0.70～1.33ユーロ／Lに減少 ●その結果、2050年に、e-dieselは1.38～2.17ユーロ／L、e-gasolineは1.45～2.24ユーロ／Lで販売されると推定（いずれも税込み）

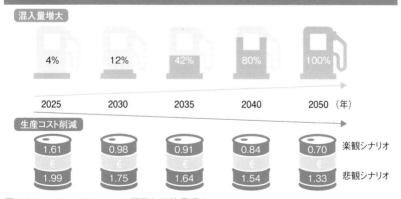

図2-4-8　eFuel Allianceの概要と価格見通し
イベコはイタリアIveco、ピエヒ・オートモーティブはスイスPiech Automotive、ボッシュはドイツBosch、ZFは同ZF、マーレは同Mahle、ネステはフィンランドNeste、サンファイアはドイツSunfire、エクソンモービルは米Exxon Mobil、レプソルはスペインRepsol、シーメンス・エナジーはドイツSiemens Energyのこと。（出所：eFuel Alliance）

水素もしくは合成燃料の輸入も視野に入れた展開を見据えている。

　また、水素の輸出産業化をにらむチリとオーストラリアは、合成燃料についても製造・輸出を視野に入れている。だが、チリはあくまでグリーン水素を念頭に置いているのに対して、化石燃料となる資源も豊富なオーストラリアは、ブルー、グリーン両方の水素製造を視野に入れている。

　CN実現に向けた取り組みが先進国に対しては劣後している新興国においては、国によって合成燃料に対するスタンスがより大きく異なっている。人口大国であり、かつエネルギー輸入国である中国、インド、ベトナムなどは、エネルギー収支改善の観点からもRE導入には積極的であり、将来的にはグリーン水素製造にも広がる下地がある。一方、CO_2については、各国とも現状ではCO_2排出量が多いこともあり、CCUによる回収余地が大きい。コスト面からもCCUの活用が中心になっていくものと想定される。

　新興国の中でも自国で天然ガスの生産が盛んなマレーシアやインドネシアでは、ブルー水素×CCUでの合成燃料が中長期的にもコスト優位性を保つ可能性が高い。一方、バイオ燃料に継続的に注力するブラジルや電動車の輸出拠点化をもくろむタイなどは、相対的に水素や合成燃料に対する国家的な取り組みはあまり見られない。これらの地域においては水素インフラの構築から検討をしていく必要がありそうだ。

第**3**章

用途別CN化状況

輸送機器のCN化、
鍵握る3つの要素

第2章では、カーボンニュートラル（炭素中立、CN）について燃料側での技術開発および事業化に向けた動向を中心に整理してきた。一方でCN燃料の普及に向けては、供給側での取り組みに加えて、燃料を使用する需要（用途）側の動向、とりわけ動力源（パワーソース）の技術革新の動向が鍵を握る。第3章では、こうした燃料の需要側、特に輸送機器におけるCN化に向けたパワーソースの技術・商品開発の動向を用途別に見ていきたい。

需要側から見たパワーソース決定のメカニズム

　CN燃料を含めたエネルギーの需要側としては、幅広い用途が考えられる（**図3-1-1**）。このうち、特に欧米など先進国を中心としてCN実現へ向けて重要性が高まっている輸送機器領域には、さまざまな種類の輸送機器が存在する。海（船舶）、空（航空機）に加えて、陸上の輸送機器としては、一般消費者のユーザーも多い二輪／三輪車、四輪乗用車（Passenger Vehicle、PV）に加え、企業ユーザー中心の商用車〔LCV（Light Commercial Vehicle、小型商用車）、バス、中大型トラック〕、産業用車両（建機、農機、フォークリフト）、鉄道などが挙げられる。用途ごとにパワーソースのCN化に向けたアプローチの方向性は異なるが、基本的には以下の3つの要素に左右されているように見受けられる。

　1つ目は、パワーソースに関する規制の存在である。内燃機関（ICE）を前提とするパワーソースに対しては、各国政府などがこれまでも大気汚染防止や省エネルギーの観点から、排ガス規制や燃費規制を課してきた。これに加えて直近では、都市部への乗り入れ規制や、メーカー側に一定以上の電気自動車（EV）や燃料電池車（FCV）などの排ガスゼロ車（Zero Emission Vehicle、ZEV）の販売を義務

付ける米中におけるZEV規制、さらには、欧州で広がるICE車の販売禁止など、パワーソースに対するより直接的な規制が、特に普及台数の多い四輪乗用車を中心に広がりつつある。また、各国政府が公的に課す規制のほかにも、各種の業界団体などが定める自主規制もCN化のドライバー（視点）となり得る。

2つ目が、各用途における各種パワーソースの技術的成立性である。これは、各輸送機器の車体質量や寸法、求められる出力・稼働時間などの観点から、当該のパワーソースを使用する場合、そもそもハードウエアのパッケージングとして成立し得るかという点が1つだ。加え

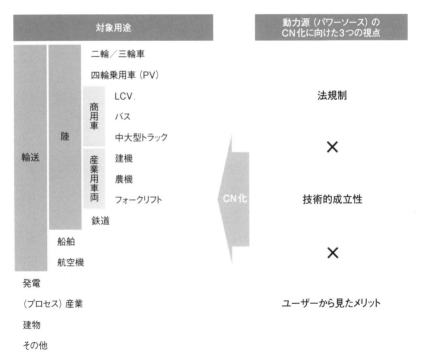

図3-1-1　輸送機器のCN化に向けた3つの視点
LCVは、Light Commercial Vehicleの略で小型商用車のこと。（出所：ADL）

て、燃料供給に関わるインフラが整備されているかという点も、成立性の観点から重要となる。特に、電動化や燃料電池など相対的に新しいCN化の手段においては、この成立性が重要な論点となる。

　3つ目がユーザーから見たメリットの観点だ。この点については、用途によりポイントが異なる。例えば企業ユーザー中心の産業財であれば、輸送機器の購入価格から使用中の燃料（エネルギー）費や保守メンテナンス代などのランニングコスト、中古車などの形での売却する際の残価などを含む製品ライフサイクル全体でのトータルコスト（総所有コスト、TCO）が一番の購買決定要因となる。一方で乗用車など一般消費者がメインの用途では、TCOに加えて、利便性やブランド価値などのユーザーの選好性も考慮に入れる必要がある。

　これら3つのCN化ドライバーのうち、1番目の規制面において明確なトリガーが存在するのは、四輪乗用車とLCVなど一部の用途にとどまる。また、航空機についても、国際連合（UN）傘下の国際民間航空機関（ICAO）で取り決められた二酸化炭素（CO_2）削減目標が事実上の業界規制として働いている。だが、それ以外の特に陸上系の用途については、CN化推進のトリガーとなる規制は存在していない。

　一方で、2つ目の技術的成立性の観点でいえば、次のように整理できる（図3-1-2）。縦軸に車体サイズや必要な仕事量に基づく必要出力の大きさを取り、横軸に必要なエネルギー容量に関わる実用上必要とされる航続距離もしくは連続稼働時間を取ると、必要な出力サイズとエネルギー容量が共に比較的限定的な用途に関しては、動力源の電動（EV）化がCN化の有効な手段となり得る。

　具体的には、スクーターなどの小型二輪車や四輪乗用車に関しては、軽自動車のような小型のシティーコミューターを筆頭に電動化のハードルは相対的には高くない。また商用車の中でも、走行距離が限られ、かつ一定域内を周回するような乗り合いバスやLCVなどは電

動化が可能である。産業用車両でも小型の建機・農機やフォークリフトなどは電動化が技術的には成立し得る。またドローンや空飛ぶ車などについても電動化が前提となっているものがある。

　これに対して、電動化が難しい用途には、3つのパターンが存在する。1つは、右下のエネルギー密度がボトルネックになる場合、つまり求められる必要航続距離に対して車両パッケージとして十分な容量の電池の搭載が困難なケースである。この典型は、ツーリングなどで長い航続距離が求められる中大型二輪車である。また四輪乗用車や小型トラック（LCV）、中型トラックなども車種やユースケースによっ

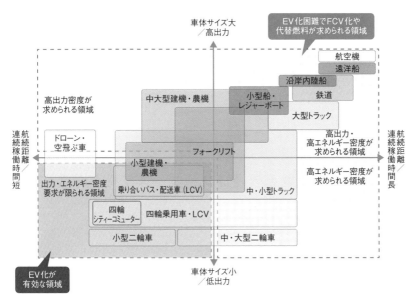

図3-1-2　主要な輸送機器の技術特性
大型トラックは15t以上のトラック、中・小型トラックは15t未満のトラック、小型建機・農機はおおよそ8t以下の建機・農機、中大型建機・農機は8tより大きい建機・農機、小型二輪車・四輪シティーコミューターはおおよそ125cc以下の二輪車・四輪車、中・大型二輪車はおおよそ250cc以上の二輪車、小型船・レジャーボートはおおよそ出力500kWクラス以下の船外機搭載船、沿岸内陸船はおおよそ500k〜5000kWクラスの船外機搭載船、遠洋船はおおよそ5000kW以上の船外機搭載船。（出所：ADL）

ては、この点がボトルネックとなり得る。

　2つ目のパターンは、左上の現状の電池や電動モーターの技術的な特性からして、必要な出力が足りないケースである。これは特に、主動力で移動だけでなく別の作業も手掛ける建機・農機・フォークリフトなどの大型の産業用車両などが当てはまる。ドローンなども大型の輸送用途では出力がボトルネックとなる。

　3つ目のパターンは、エネルギー密度・出力の両方がボトルネックになるパターンで、車体サイズが大きい大型トラックや（架線からの電力が取れない場所での）鉄道、加えて、抵抗の大きい水上を進む船舶系では小型のレジャーボートから大型船までこのケースに当てはまる。また大型の航空機も、現状ではこのカテゴリーに分類できる。

　このように整理してみると、四輪乗用車のように、CN化を促進する具体的な法規制が存在し、かつ技術的成立性の観点から電動化が有効なCN化の手段となり得るのは、輸送機器の中でもごく一部の用途にとどまるという見方もできる。以上の全体構造を踏まえ、以下では各用途についての具体的な動向を見ていきたい。

四輪乗用車の電動車普及はユーザーメリットが鍵

　輸送部門におけるCN化において最も注目を集めている四輪乗用車であるが、前述した通り、他の輸送機器に比べると相対的にCN化が進みやすい要件がそろっている。CN化の3要件のうち、1つ目の規制面では、日米欧中などを中心に時限を定めた形でEVの普及台数や販売台数比率などの目標値を設定したり、2030年（英国）や2035年（日本・フランス・ドイツ）までにICE車の販売を禁止するなどといったCN化の手段も含めて規定する法規制を制定したりしている（図3-1-3）。これが、四輪車メーカー側が電動化開発を加速させる大

※普及台数目標は除く

		2020	2025	2030	2035	2040	2045	2050 (年)
日本	乗用				2035年：新車のうち100%が電動車（HEV含むXEV）			
	小型商用／バン					2040年：新車のうち100%が電動車（HEV含むXEV）		
	大型商用					2040年目標を2030年までに設定		
中国	乗用		2025年：右記50〜60%	2030年：右記75〜85%	2035年：新車（従来燃料車、ICE車＋HEV）のうち100%がHEV			
	乗用＋商用		2025年：右記15〜25%（うち90%以上がEV）	2030年：右記30〜40%（うち93%以上がEV）	2035年：新車の50〜60%がEV＋PHEV（EV＋PHEVのうち95%以上がEV）			
米国	乗用			2030年：乗用・小型トラックの新車のうち50%以上がEVs（EV＋PHEV＋FCV）				
	小型商用／バン				（CA）2035年：乗用・小型トラックの新車のうち100%がEVs（ICE車とHEV販売禁止）			
	大型商用			（CAなど15州）2030年：中・大型車両の新車のうち30%がZEV（EV＋FCV）				〜2050年：同100%
ノルウェー	乗用		2025年：新車のうち100%がZEV（EV＋FCV）					
	小型商用／バン							
	大型商用			2030年：新車のうち30%がZEV（EV＋FCV）		2040年：新車のうち100%がZEV（EV＋FCV）		
英国	乗用			2030年：ICE車販売禁止	2035年：新車のうち100%がZEV（EV＋FCV）※EUに先んじて発表（HEVも販売禁止）			
	小型商用／バン							
	大型商用			2030年：新車のうち30%がZEV（EV＋FCV）		2040年：新車のうち100%がZEV（EV＋FCV）		
フランス	乗用				（EU全体）2035年：新車のうち100%がZEV〔ICE搭載車（HEV含む）の生産を実質禁止〕			
	小型商用／バン							
	大型商用							
ドイツ	乗用				（EU全体）2035年：新車のうち100%がZEV〔ICE搭載車（HEV含む）の生産を実質禁止〕※ドイツ自動車産業連合会（VDA）などドイツ産業界は反対			
	小型商用／バン							
	大型商用							

図3-1-3　各国の主要な新車の電動化目標

HEVはハイブリッド車、XEVはHEV／プラグインハイブリッド車（PHEV）／EV／FCV、CAは米カリフォルニア州のこと。各国は、2050年ごろのCN達成に向けて電動車の段階的な普及目標を設定。欧州では2035年からHEVの新車販売禁止も予定される一方で、日本は電動車にHEVも含むなど地域差が大きい。〔出所：各国政府公表情報、International Energy Agency「Global EV Outlook」（2022年5月）、日本貿易振興機構（JETRO）、各種報道情報を基にADLが作成〕

きな要因となっている。

　また、2つ目の技術的成立性の観点についても、ユーザー側から見た一番の制約条件となるのが、満充電時の航続距離（以下、航続距離）だが、現状市販されている中型EVが1つのターゲットとしている400k〜500kmの航続距離があれば、主要国では過半のユーザーのニーズを満たせる水準に到達しつつある（図3-1-4）。故に、技術的成立性の観点においても、EVやFCVがCN化の選択肢と十分なり得るといえる。結果として、四輪乗用車におけるEV化が進むかどうかは、3つ目の要件であるユーザーメリット次第という構図になってきて

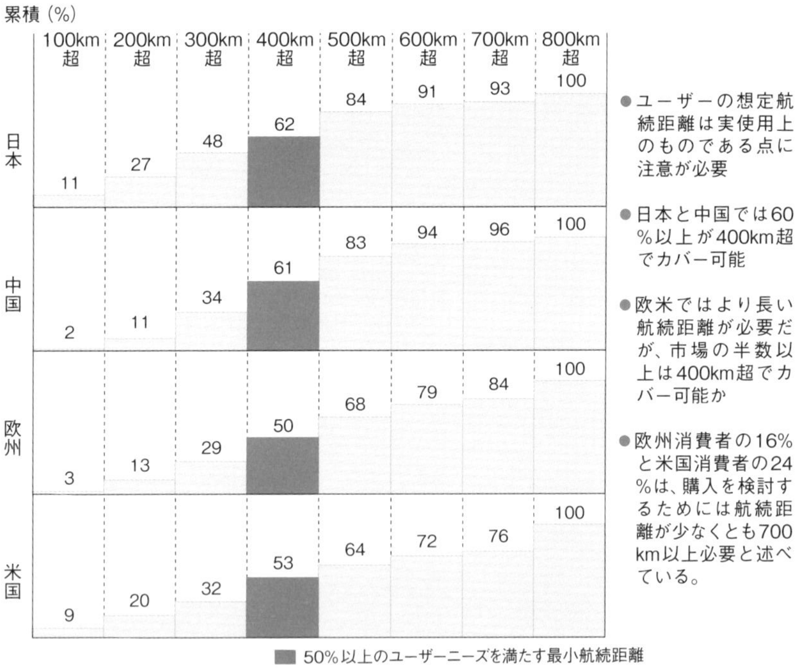

累積（%）

	100km超	200km超	300km超	400km超	500km超	600km超	700km超	800km超
日本	11	27	48	62	84	91	93	100
中国	2	11	34	61	83	94	96	100
欧州	3	13	29	50	68	79	84	100
米国	9	20	32	53	64	72	76	100

● ユーザーの想定航続距離は実使用上のものである点に注意が必要

● 日本と中国では60％以上が400km超でカバー可能

● 欧米ではより長い航続距離が必要だが、市場の半数以上は400km超でカバー可能か

● 欧州消費者の16％と米国消費者の24％は、購入を検討するためには航続距離が少なくとも700km以上必要と述べている。

■ 50%以上のユーザーニーズを満たす最小航続距離

図3-1-4　四輪乗用車でのEVに求められる航続距離
日中欧米におけるEVの航続距離に対するニーズ。200km超としたユーザーの比率には100km超としたユーザーの比率を含めるといった具合に、累積比率で示している。欧州の値は、欧州各国の回答数値を自動車販売台数で加重平均したものを用いている。（出所：ADL）

116

いる。

　直接的なユーザーメリットとしては、ICE車とEVでのTCOの比較ということになるが、乗用車に関しては、現状のEVの車両（≒電池）コストを前提にすると、各国のエネルギーコストや補助金などを考慮することで、EVが有利となるケースが増えている（**図3-1-5**）。一方で、一般消費者のユーザーが多い乗用車の場合、TCO以外のユーザーメリット、すなわち環境配慮などを考慮したユーザーの選好性も車種選択における重要な要素となる。

　この観点においても、TCOが同等であれば、環境問題への寄与という点からICE車よりもEVを好むユーザーが中国・欧州・日本などでは過半を超えるといった調査結果も出ており、一般消費者がメイン

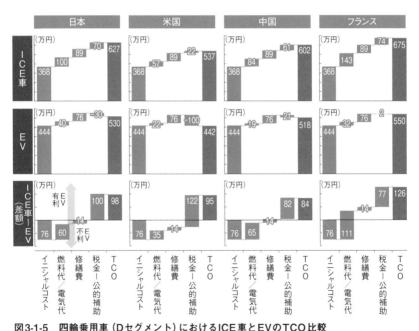

図3-1-5　四輪乗用車（Dセグメント）におけるICE車とEVのTCO比較
年間走行距離1万5000kmで10年間使用した場合の試算結果。「税金－公的補助」は税金から公的補助を引いた額の意。（出所：ADL）

117

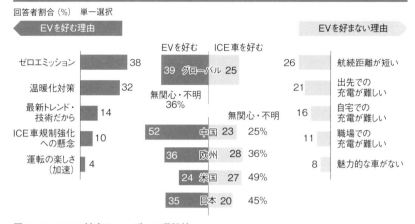

図3-1-6　EVに対するユーザーの選好性
グローバル値および欧州値は、各国回答数値を自動車販売台数で加重平均したものを用いている。
（出所：ADL）

の商材である乗用車においては顧客ニーズが大きくEVにシフトしていく可能性も見えてきている（**図3-1-6**）。

二輪車は四輪車と異なるCN化の道筋が必要

　上述のようにユーザーによる選好性にボトルネックが移りつつある四輪車に対して、同じパーソナルモビリティーである二輪車はCN化をけん引する要素が異なる。まず法規制の観点では、四輪車に課されている電動化比率目標の設定やICE車の販売禁止といった規制を二輪車に対して課している国は現時点では存在しない。これは、先進国においては電動バイクの普及で先行した中国を含め小型コミューター市場は縮小傾向にあり、中大型バイクなど趣味財を中心とした販売規模（≒CO_2排出量）が限定されているのに対して、台数規模で大半を占

めるスクーターなどについては、その主要市場が東南アジアやインドなどの新興国中心になっている点が大きい。

　また、技術的成立性の観点からも、特にツーリング用途主体で航続距離が求められる中大型バイクに関しては、そもそも電動化やFCV化は、車体のパッケージングの観点から実現性が低いという難問を抱えている。一方で、技術的には電動化も可能な小型のスクーター領域においては、ユーザーの利便性と車両メーカーとしての収益性（電動化により原価構造が悪化する）を考慮したモデルとして、着脱・共有が可能なバッテリーを使い、公共のバッテリー交換ステーションで充電済みのバッテリーパックと交換するといったバッテリー交換（Swap）式の電動バイクが提唱されている。

　主なプレーヤーとしては、台湾・睿能創意（Gogoro、ゴゴロ）やインドSun Mobility（サン・モビリティー）などが先鞭をつけ、日本勢もホンダが「モバイルパワーパック」と称して国内を中心に規格標準化を進めつつある。もっとも、こちらもバッテリー交換の事業単体としての収益化が難しく、インフラ系企業が他のサービスとセットで提供するか、もしくは各国政府が主導する形でインフラコストを一定負担するといった形でないと事業採算が取れないのが実情であり、ユーザー側のコストメリットと事業者側の事業採算の両立が難しいという課題が存在している。

第2節

商用車や建機・農機などの CN化、異なる課題と ドライバー

引き続き、輸送機器の用途別のカーボンニュートラル（炭素中立、CN）化動向を見ていきたい。前節では、一般消費者のユーザーが多い四輪乗用車や二輪車を中心に解説した。本節では企業ユーザーが中心の商用車（トラック、バス）や建機・農機、フォークリフトなどの産業用車両を中心にCN化の動向を見渡してしてみる。

　これら産業用車両の領域では、現状ではそのパワーソースとして主にディーゼルエンジンを活用しているという共通点がある。だが、CN化の方向性については、用途によって、排ガスゼロ車（Zero Emission Vehicle、ZEV）の導入を促す規制があるかどうかで異なっている（**図3-2-1**）。

　一部の国・地域において乗用車と同様にZEV規制が存在するバス・中大型トラックにおいては、短期的には低炭素化の効果は限られるも

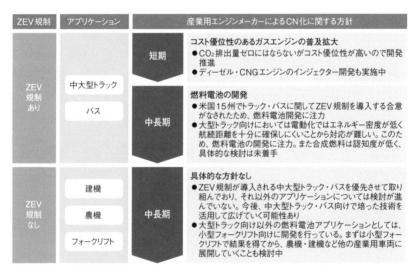

図3-2-1　産業用車両領域におけるCN化方針
CNGとはCompressed Natural Gasの略で、圧縮天然ガスのこと。（出所：エキスパートインタビューおよび各種2次情報を基にADLが作成）

ののコスト優位性のあるガスエンジンの普及や中長期に向けての燃料電池の開発などが進みつつある。一方で、ZEV規制の導入が進んでいない建機・農機・フォークリフト向けには、ディーゼルエンジンメーカーも具体的な開発方針を見いだしていないなど温度差が見られるのが実態である。

商用車は技術的成立性の担保が課題

　バスや中大型トラックなどの商用車の領域では、各国・地域政府がCN化に向けた様々な目標の導入を進めている（**表3-2-1**）。この中で、最も厳しいZEV規制を導入しようとしているのが米カリフォルニア州である。2045年までのZEV化を目標としている。一方で、欧州連合（EU）・中国・米連邦政府などは、2030年ごろまでは燃費や二酸化炭素（CO_2）排出量の形での規制強化を進める方針である。

　もっとも、その実現手段については、電動化、水素、新燃料など様々なものを試みている段階である。規制強化の先端を走るカリフォルニア州や欧州でもこれらの各手段を並行して検討している段階であり、充電や水素充填のためのインフラ整備を推進している。中国は商用車については、燃料電池車（FCV）を軸に据え、充填ステーションの整備を推進している。

　このように、商用車領域の法規制強化が、乗用車のような電動化の加速といった特定の技術手段の普及につながっていないのは、技術成立性の面で課題が残っているからである。

　中大型の商用車の場合、電動化は、技術的成立性の観点で課題を抱えている。航続距離が限定される路線バスを除き、求められる航続距離を実現するためには、搭載容量が犠牲になるレベルの大容量の電池搭載が必要になり、そのための充電時間によって稼働時間が犠牲にな

		目標設定の背景 （Why）	CN に向けた重量車における目標（What）		
			ZEV	燃費／CO₂	概要
米国		先進国としてのCN化の責務と、石油などの自国産業保護との間で両立を図る	×	○	目標：2027年燃費16%減（重量トラック 2017年比） ZEV規制は導入していない
	CA	目標を設定することで人材・企業の呼び込みを図る	◎		目標：2045年までにZEV100%（乗用車は2035年）
EU		EVやREなどにかじを切り新たに興した産業で競争力を確保	△	◎ CO₂排出量で評価	目標：CO₂排出量2030年30%減（2019年比） 大型車のZEV規制は導入していない
中国		EV／FCV市場での産業競争力を強化したい	×	○	目標規制（案）：2030年で燃費最大15%減（2019年比） NEV規制の重量車への適用は議論中。燃費目標は米と近い水準になる模様

◎相対的に高い目標が設定されている
○目標が設定されている
△目標はないが事実上必要
×目標はない

表3-2-1　重量車のCN政策
米カリフォルニア州（CA）、欧州連合（EU）、中国はいずれもCNに向け電動化や水素化のためのインフラの整備を推進する。米国（連邦政府）は具体的なインフラ整備施策が相対的に弱い。CO_2は二酸化炭素、EVは電気自動車、REは再生可能エネルギー、NEVは新エネルギー車のこと。（出所：各国・機関の資料を基にADLが作成）

るためだ。これを解消するために、一部バッテリー交換方式や走行中の非接触給電方式なども検討されているが、まだ実証段階にあり実用化にまでは至っていない（**表3-2-2**）。

　燃料電池においても、日本国内含めて路線バスでは実用化事例が出てきているものの、航続距離を担保するには搭載可能な水素タンクの容量が課題になる。加えて、水素供給インフラの整備も課題だ。

　このほか、圧縮天然ガス（CNG）／液化天然ガス（LNG）といった天然ガスの利用は、日本では近年CNGトラック、バス共に普及が停滞している。一方、海外ではCNG／LNG共にバス・トラックでの

	目標達成のための手段（How）			
	電動化	水素	次世代燃料	概要
	×	×	○	ZEV化を推進する政策はまだ確認されない 燃費改善を進めつつバイオ燃料など次世代 燃料を活用
	○	○	○	直近はZEV100%の目標達成のために充電 ／水素充填インフラの整備などを推進 バイオ燃料など次世代燃料推進も
	○	○	○	充電／水素充填インフラ整備推進と同時に、 合成燃料など次世代燃料の普及も促進
	×	○	×	商用車はFCVを軸に据え充填ステーション の整備を推進

○政策によって推進
×政策がないかあまり推進されていない

実用化が進みつつある。ただし、あくまで低燃費化のための手段との位置付けであり、ガス側のCN化が進まない限り、CN化の手段とはなり得ない。

　また、バイオ燃料や合成燃料などCN燃料の開発・導入もまだ実証段階にあり、短期的にはCN化実現の手段とは見られていない。このように、各政府が具体性ある手段規制が打てないのは、中大型の商用車の中で比率の高い大型トラックにおいて、CN化対応への技術の実用化が遅れており、CN化への解決策が見いだせていないためといえる。

		普及台数（グローバル）	
電力	充電式	●重量車ZEV（EV＋FCV）の累計販売は約70万台 ・うち、中国は累計販売の99％を占める ・EVがZEVの販売の大部分を占める（EUでは97％以上）	
	バッテリー交換式	実証段階	
	走行中給電	実証段階	
水素（燃料電池）		●重量車ZEV（EV＋FCV）の累計販売は約70万台 ・ただし、FCVはいまだほとんど販売されていない（EUではZEV販売の3％未満）	
ガス（CNG／LNGなど）		●2019年のCNG／LNGトラックと同バスの新規販売台数は約42万台と推計 ・日本のCNGトラックは累計約2万台、CNGバスは累計約1500台。LNGは日本では商用化されていない	
代替燃料	合成燃料	既存の内燃機関車を使用	
	バイオ燃料	既存の内燃機関車を使用	

　中大型商用車で唯一電動化が進みつつあるのは路線バスである。電動バスを世界的に展開する中国・比亜迪（BYD）のお膝元の深センでは、政府の補助金投入により市内のバスとタクシーがほぼ100％EV化を果たしている例も出てきている。

		車両の実証試験／実用化動向
	実用化	●路線バスなどは中国などで実用化が進む。長距離トラックなどでは車両開発や実証試験を実施中 ●V2Gなどエネルギーマネジメントに関する実証試験も実施中
	実証段階	●トラックについてはオーストラリアやNZなどでコンバージョンや中国車両を使った実証を実施中 ●バスについてはインドで実証を開始
	実証段階	●スウェーデンやドイツでは、将来的な配備を視野に入れた実証を実施中
	実証段階 (バスでは 実用化)	●路線バスなどは一部で商用化が進むが、FCトラックなどは車両開発や実証試験の段階
	実用化	●海外ではCNG／LNG共にトラック、バスでの実用化が進む ●日本では近年CNGトラック、バス共に普及が停滞
	実用化 (燃料は 実証段階)	既存の内燃機関車を使用
	実用化 (燃料は 実証段階)	既存の内燃機関車を使用

表3-2-2　中大型商用車領域におけるCN化技術動向
EVの課題を解決する手段は、ガスエンジンを除き実証段階。LNGは液化天然ガス、NZはニュージーランドのこと。V2GはVehicle to Gridの略。FCは燃料電池のこと。(出所：各種2次情報を基にADLが作成)

建機・農機は主要メーカー・顧客がドライバー

　建機・農機などの産業用車両に関しては、ZEV化を志向する米カリフォルニア州を除いては、CNを促進するための法規制・補助金を導入する動きは見られていない。各政府が具体性ある手段が打てないのは、中大型商用車と同じく（中大型の）車両に対してCN化対応へ

の技術の実用化が遅れており、CN化への解決策が見いだせていないことが原因である。

　法規制に代わって、産業用車両の領域においてCN化のドライバーとなっているのが、各メーカーがESG（環境、社会、ガバナンス）対応のために自身で掲げる低炭素化目標である。これら国内外の主要産業用車両メーカーは、製造業の中でもグローバルなニッチトップ企業として株式市場から高い評価を得ている企業が多い。結果として、多くの建機・農機メーカーが、2030年ごろまでのCO_2排出量削減目標を、スコープ3までを含めた形で自主的に掲げており、これが事実上の業界全体としての目標となっている（**表3-2-3**）。

　実際に、技術的成立性の観点から電動化が可能な小型のUV（Utility Vehicle）や芝草刈り機、小型建機などでは一定レベルの電動化が進

		スコープ3宣言	
		削減目標値	宣言特徴
農機メーカー	ヤンマー	●2030年：▲30%（2005年比） ※スコープ3に限定せずグループ全体で	売り上げ当たり
	クボタ	●2030年：▲30%（2020年比） ※ただしアナウンスはスコープ2まで	NA
	ディア・アンド・カンパニー	●2030年：▲30%（同）	総量
建機メーカー	コマツ	●2030年：▲50%（2010年比） ●2050年：▲100%（同）	総量
	日立建機	●2030年：▲33%（同）	総量
	竹内製作所	●2030年：▲30%（同）	総量
	ボルボCE	●2030年：▲30%（2019年比）	総量
エンジンメーカー	カミンズ	●2030年：▲25%（2018年比）	総量

表3-2-3　産業用車両メーカーのスコープ3削減に向けた目標詳細
NAは不明の意。ディア・アンド・カンパニーは米Deere & Company、ボルボCEはスウェーデンVolvo Construction Equipment（ボルボ・コンストラクション・イクイップメント）、カミンズは米Cumminsのこと。（出所：各社公開情報を基にADLが作成）

む見通しである。例えば、小型建機を中心とする米Doosan Bobcat（ボブキャット）は、既に複数のアプリケーションの電動小型建機を展示会で発表しており、ハイテク技術見本市「CES 2022」では容量60.5kWhのリチウム（Li）イオン電池を搭載した最高出力80kWの完全電動トラックローダーを発表している。また、"農機のテスラ"と呼ばれる米Monarch Tractor（モナークトラクター）がフル電動かつ自動運転にも対応したトラクターを発表し、大手農機メーカーのオランダCNH Industrial（CNHインダストリアル）が出資するなど、スタートアップを含めた形での動きも見られる。ただし、主流となっている中大型以上の建機・農機に関しては、技術的成立性の観点から現状電動化が難しく、このため各メーカーの掲げる目標が、長期的なCN化ではなく短中期的なCO_2削減となっている。

　産業用車両の領域において、これらメーカー自身のCO_2削減目標以外にもう1つCN化のドライバーになっているのが、大手ユーザー企業によるCN化に向けた取り組みである。これは、特に主要ユーザーがいわゆる資源メジャーといわれるグローバルな大企業であり、顧客数が限られている大型の鉱山機械の領域で、顕著となっている（図3-2-2）。

　このような動きには、コマツや米Caterpillar（キャタピラー、CAT）など大手鉱山機械メーカーが各資源メジャーと提携して進めるパターンと、資源メジャー同士が連携してCN化に向けた技術開発を促進するパターンが存在する。技術的にも一定の鉱区内で利用されるケースが多いため、サイト内で架線ベースでの電動化や水素オンサイト供給による燃料電池（FC）化などの可能性の検討が進みつつある。

資源メジャーおよび車両メーカー　CN化への取り組み事例			
資源大手4社 × コマツ	●コマツは鉱山の脱炭素化に向けてリオ・ティント、BHPグループ、コデルコ、ボリデンの大手4社と提携 ●コマツによる商品企画と資源大手によるインフラ整備の情報を共有し、水素燃料など多様な動力源に対応したダンプトラックなどの開発を加速。2030年までに鉱山現場での導入を目指す	リオ・ティント、 BHP × CAT	●BHPグループは2021年8月に**鉱山トラックのCN化**に向けてCATと提携。バッテリー駆動が軸だが水素の活用も研究。2020年代中の導入を目指す ●**リオ・ティント**もCATと提携。リオ・ティントは覚書に基づいてCATの技術開発に協力し、検証作業などにも参加
BHP、 リオ・ティント、 ヴァーレ	●2021年5月にBHPグループとリオ・ティント、ヴァーレが重機メーカーなどから電動化技術を募る「チャージ・オン・イノベーション・チャレンジ（COIC）」を開始 ●上記社以外でもCOICに加わりたい企業は受け入れる。①資源・金属などの採掘を手掛ける②30台以上の運搬トラックを保有する③温暖化ガス排出削減に向けた技術の活用に努めてきた――ことなどが参加の条件	FMG × 自社子会社	●FMGは水素を動力とする運搬トラックの試験運転を2023年6月末までに開始 ●脱炭素技術の開発はFMGの子会社が実施 ●FMGは子会社を通じて2022年6月期に最大6億ドルを投じる方針で、多くをトラックなどの脱炭素化に充てる方針

図3-2-2　資源メジャーおよび車両メーカーの取り組み事例
豪英BHPグループ、英豪Rio Tinto（リオ・ティント）、チリCODELCO（コデルコ）、スウェーデンBoliden（ボリデン）、オーストラリアFortescue Metals Group（フォーテスキュー・メタルズ・グループ、FMG）など大手資源メジャーは、電動化や水素に対応した車両を開発するため、車両メーカーとの提携を実施。ヴァーレはブラジル資源大手のVale、CATは米建機大手のCaterpillar（キャタピラー）のこと。（出所：各社公開情報を基にADLが作成）

フォークリフトはユーザー受容性が最大のドライバー

建機・農機と並ぶ産業用車両であるフォークリフトはどうか。主要国単位でのCN化に向けた法規制が設定されていない点は建機・農機と同様である。だが、フォークリフトの場合、建機・農機に比べて比較的小型のセグメントの比率が高く、実際に搭載されているエンジンもディーゼルエンジンではなく、ガソリンエンジンも一定の比率を占めている。このため、技術的成立性の観点からは、電動化が可能なセグメントが一定レベルで存在している。また、充電（連続稼働）時間の観点から、電動化が難しいユースケースでも、オンサイトでの水素供給によるFC化も現実解となり得る。

　ユーザー側から見ても、2つの視点からCN化を推進する理由が存在する。1つは、鉱山機械と同様に、フォークリフトの大口ユーザーである大手の小売・流通業者や物流事業者などは、自らのCN化目標を掲げるケースが増えている。このため、自社で利用するフォークリフトなどの物流機械にもCN化を求める動きが強まっている。もう1つは、屋内での作業など、そもそも排ガスが出ないというCN以外の観点で電動車やFCが付加価値を持ち得るユースケースが一定数存在するという点も挙げられる。このような背景から、同じ産業用車両の中でも、フォークリフトは建機・農機よりもCN化が進む余地が存在しているといえる。

SAF本命の航空機、水素やアンモニアを模索する船舶

前々節、前節と、乗用車や二輪車、商用車、および建機、農機、フォークリフトなどの産業用車両といった陸上で活用される製品群のカーボンニュートラル（炭素中立、CN）化動向について解説してきた。本節では、陸上以外の空中や水上で使われる製品群として、航空機と船舶のCN化について動向を見渡し、解説する。

　航空機と船舶のCN化については、特徴は大きく2つある。1つは、グローバルな枠組みで議論が進んでいる点。もう1つは、超小型製品を除き大出力・大容量が求められることから、電動化が困難という機能上の特徴である。

航空機や船舶では国際的な議論が進む

　陸上で用いられる製品群は、公道走行を主に想定する製品（乗用・商用の四輪・二輪車）と、公道以外で使われることに主眼を置いた製品（建設機械や農業機械、フォークリフトなど）が存在する。だが、いずれも基本的に特定の地域内において利用される。そのため、必然的に各国独自の状況を踏まえた規制・方針の影響を色濃く受ける。例えばブラジルにおいては、国内生産量の多いバイオ燃料を優先的に利用する方針が打ち出されるといった具合である。

　一方、特に大型の航空機・船舶においては国内輸送ではなく、国際輸送が重要なミッションであり、CN化についても現時点で国際的な議論が進んでいる。

　四輪商用車でも、欧州の長距離輸送トラックなど国境を頻繁に行き来する車両も存在するため、欧州連合（EU）として規制・規格を統一する動機が働いている。北米において、カナダの自動車法規が米国に準じたものとなるのも同様の理由である。いうなれば、四輪トラックでEU・北米という枠組みで議論がなされるように、世界規模の枠

組みで議論されるのが航空機・船舶の特徴である。

　船舶では国際海事機関（IMO）にて、航空では国際民間航空機関
（ICAO）や国際航空運送協会（IATA）にて、それぞれ航空機や船舶
のCN化に向けての議論が行われている。

　ただし、両者の議論レベルはやや異なる。より具体的な実現手段と
してSAF（Sustainable Aviation Fuel、持続可能な航空燃料）の採用
にまで踏み込んでいる航空業界と、まだ抽象的なCN目標を掲げてい
るのにとどまる船舶業界という違いが見られる。これらの違いについ
て、船舶、航空機それぞれのCN化アプローチの現状を踏まえつつ以
降解説する。

船舶は水素かアンモニアのエンジンが本命か

　IMOの温暖化ガス（GHG）排出削減に向けた目標ロードマップは、
2008年を排出量基準年とし、（1）2030年までに平均燃費を40％改
善、（2）2050年までに総排出量を50％削減、（3）21世紀中にCNを
実現――というものである（図3-3-1）。そのための対策策定ロード
マップとして、2023年をめどに新造船の燃費規制強化など短期対策
について合意し、2030年までにカーボンクレジットなどの市場メカ
ニズムを含めた中期対策について、そして2030年以降にCN燃料導入
を含んだ長期対策について合意することを目指している。

　現在は、短期対策の合意に向けて各国からの提案・対策案の検討や
現状の分析を進めている。短期対策としては、各国から、新造船の燃
費に関する目標の設定や、燃費改善のための平均運行速度に関する目
標の設定などが提案されている。CN実現というより、GHG排出量の
削減に向けた燃費性能向上に関する具体的な対策合意を目指している
状況である。

船舶においても最終的にはCN燃料の導入が検討される見込みだが、CN化実現に向けた代替手段が定まる2030年以降に向けて、複数の選択肢を俎上に載せているのが現状である（**表3-3-1**）。

　船舶は個人用途の多い小型船向けのエンジンを除けば1000kW以上の最高出力が求められ、1万5000kWという高出力が求められることも少なくない。電動化による代替は超小型船に限られるとみられている。

　他方、搭載可能なエネルギー量という観点からの搭載性に関しては、航空機などと比べると体積や複雑なシステムを搭載する余力が比較的あることもあり、現時点では、合成燃料やバイオ燃料以上に、排ガスにGHGが含まれない水素やアンモニアが船舶向けCN燃料の候補として注目されている。

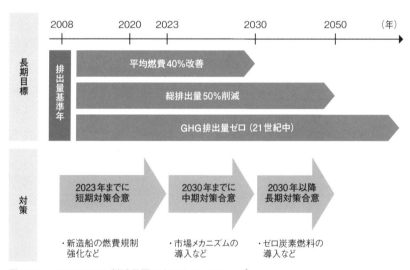

図3-3-1　IMOのGHG削減目標に向けたロードマップ
〔出所：「国際海運分野におけるGHG削減対策」（国土交通省）、「国際海運のゼロエミッションに向けたロードマップ」（日本船舶技術研究協会）を基にADLが作成〕

　水素とアンモニアはいずれも常温ではガスであり、液体として搭載するには冷却が必要となる。水素の沸点が−253度であるのに対し、アンモニアの沸点は−33度と高いため、液体としての燃料搭載はアンモニアの方が圧倒的に容易である。一方で、アンモニアだけで燃焼させるアンモニア専焼技術はいまだ確立されておらず、軽油・重油との混焼が求められている。また、燃焼状態によっては未燃アンモニアや、温暖化ガスであるN_2O（一酸化二窒素）の排出も微量ながら認められている。そのため、アンモニアの活用に向けてはエンジン燃焼および排ガスの後処理に関する技術に課題が残されている。

　水素エンジンも金属部品の水素ぜい化／腐食や早期着火（プレイグニッション）などへの対策、およびNO_x（窒素酸化物）排出への対策は必要である。ただし、水素専焼技術自体は確立されつつあり、燃焼の課題は解決可能とみられている。

　このように、専焼エンジンの実現は見えているが、液体としての燃料搭載や長期保存が難しい水素と、液体としての燃料搭載は可能だが

	活用見込み	搭載性	利用方法	排ガス
電動化・燃料電池	超小型船舶（最高出力1000kW以下）向け	搭載エネルギーが限られる	EV／燃料電池（最高出力1000kW以下が現実的）	—
水素エンジン（気体圧縮水素）	内航船など航続距離が限られる船舶向け	搭載量が限られる、航続距離が短い	水素100％専焼	●NO_x
水素エンジン（液体水素）	大型外航船向けに検討・開発中	液体としての燃料搭載が困難（沸点：−253度）		
アンモニア		液体としての燃料搭載が容易（沸点：−33度）	ディーゼル燃料など既存燃料との混焼（アンモニア専焼開発中）	●CO_2（既存燃料混焼起因）●N_2O（温暖化ガス）●未燃アンモニア

表3-3-1　船舶における代替手段の状況
NO_xは窒素酸化物、CO_2は二酸化炭素、N_2Oは一酸化二窒素（亜酸化窒素）のこと。（出所：ADL）

混焼が必要なアンモニアという状況に対し、それぞれ取り組みが進められている。

　例えば、水素エンジンを用いた船舶（水素エンジン船舶）については、川崎重工業、ヤンマーパワーテクノロジー（大阪市）、ジャパンエンジンコーポレーションの3社が合弁会社HyEng（兵庫県明石市）を設立し開発を進めている。アンモニアエンジンについては、船舶エンジン大手のドイツMAN Energy Solutions（マンエナジーソリューションズ）が2024年ごろまでの実用化を目指している。

　なお水素については、燃料電池車と同様、高圧ガスタンクを搭載しての実現は比較的容易とみられている。航続距離に関する要求の低い比較的小型の沿岸・内航船では同タンク搭載の水素エンジン船が最も現実的との見方もある。ツネイシホールディングス（広島県福山市）グループのツネイシクラフト＆ファシリティーズ（広島県尾道市）と同グループの神原汽船（広島県福山市）、およびベルギー海運大手のCMBの3社は、ジャパンハイドロ（広島県福山市）を設立し、内航船での水素エンジン運行を目指して開発を進めている。

SAFが本命の航空機、調達フェーズへ

　CN化実現の手段として複数の候補を挙げ、いまだ検討・競争フェーズにある船舶に対し、中・大型航空機では、CN化実現の手段はSAFであるとすでに合意がなされた。

　SAFとは「持続可能性のクライテリア（基準）を満たす、再生可能または廃棄物を原料とするジェット燃料」とされており、バイオ燃料ベースが有望視されている。

　ICAOが発表したGHG削減は、「2020年以降総排出量を増加させないこと」を目標とし、(1) 新技術の導入（新型機材、装備品など）、

（2）運航方式の改善、（3）SAFの活用、（4）カーボンオフセットを促す市場メカニズム「国際民間航空のためのカーボン・オフセットおよび削減スキーム（CORSIA）」の導入——を手段として掲げる（**図3-3-2**）。

さらに、ICAOは、同機関内の航空環境保全委員会（CAEP）において、SAFの導入ロードマップを提示しており、CN燃料であるSAFの導入を航空業界の国際機関として宣言している点が特徴である。

2021年の世界経済フォーラムでは、ICAOにも加盟する企業を含んだグローバルな航空会社グループや空港、燃料供給企業、機体・エンジンメーカーら60社が、2050年までにGHG排出量ゼロを目指すために、2030年までにSAFの割合を10%に増加させる「2030 Ambition Statement」に署名した。

ICAOのGHG削減目標		2030 Ambition Statement	
GHG削減目標	1. 燃料効率を毎年2%改善 2. 2020年以降総排出量を増加させない（「カーボンニュートラルグロース2020（CNG2020）」）	内容	●2050年までに国際航空業界においてGHG排出量ゼロを目指す ●国際航空業界で使用される燃料におけるSAFの割合を2030年までに10%に増加させる
目標達成の手段	①新技術の導入（新型機材、装備品など） ②運航方式の改善 ③SAFの活用 ④カーボンオフセットを促す市場メカニズム（CORSIA）の活用	参画企業	グローバルな航空会社グループ、空港、燃料供給会社など業界関係の60社が署名 ●航空会社（例：アメリカン航空、ANA、JAL） ●空港（例：サンフランシスコ国際空港、シドニー国際空港） ●燃料供給会社（例：フルクラム・バイオエナジー、ランザテック、サンファイア） ●機体メーカー（例：エアバス、ボーイング） ●エンジンメーカー（例：ロールス・ロイス）

図3-3-2　ICAOのGHG削減目標と「2030 Ambition Statement」
アメリカン航空は米American Airlines、ANAは全日本空輸、JALは日本航空、フルクラム・バイオエナジーは米Fulcrum BioEnergy、ランザテックは米LanzaTech、サンファイアはドイツSunfire、エアバスは欧州Airbus、ボーイングは米Boeing、ロールス・ロイスは英Rolls-Royceのこと。（出所：国土交通省の航空機運航分野におけるCO2削減に関する検討会、および世界経済フォーラムのプレスリリースを基にADLが作成）

従って、中・大型航空機の分野においては、どのようにSAFを確保・調達していくか、というフェーズにすでに移行しているといえる。

　米国の有力航空会社である米American Airlines（アメリカン航空）や米Delta Air Lines（デルタ航空）は、2050年までのGHG排出量ネットゼロ（正味ゼロ）を掲げており、SAFの確保に向け、フィンランドのエネルギー企業Neste（ネステ）との購入契約の締結などを発表。特にデルタ航空は、ネステとの契約に加えて米国の再生化学製品・バイオ燃料企業であるGevo（ジーヴォ）と年間1000万ガロン、同じく米国の第2世代バイオ燃料企業Northwest Advanced Bio-Fuels（ノースウエスト・アドバンスド・バイオフューエルズ、NWABF）と年間6000万ガロンのSAF購入の契約を予定、2030年末にはジェット燃料の10％をSAFに置き換える計画を具体化させている。

　日本でも、2022年3月に日本航空（JAL）や全日本空輸（ANA）を中心としてSAFの安定供給に向けた企業コンソーシアム「ACT FOR SKY」が結成された（**図3-3-3**）。ACT FOR SKYの活動内容は国産SAFを通じた脱炭素社会の議論や、課題の議論、情報共有・啓蒙などが掲げられている。参加企業はSAFを必要とするJALやANAなどの航空会社の他、燃料製造会社、プラントエンジニアリング会社、流通を担う商社や鉄道会社などで構成されており、SAFの大量調達に向けたサプライチェーンの構築を目指している。

　これら、国際機関・各航空会社らのSAF調達に向けた動きは、極めて高いエネルギー密度と出力密度が求められる航空機においては、従来同様の液体燃料を用いる以外に当面は技術的解決策が見つからないことを意味している。

　電動化については、超小型の貨物輸送機や1〜2人乗りの短距離型

ドローンなどであれば、要求される出力密度やエネルギー密度が限られるため実現可能とみられている。ただし、これらは従来の航空機とは異なるカテゴリーとなる。中型機における電動化も議論されている

ACT FOR SKYの概要	参加企業		
			☐ 幹事企業
	業種	企業名	SAF関連の主な取り組み内容
設立経緯 ●世界的にCO₂排出量削減への対応が急速に求められる中、航空業界においては、SAFの技術開発・製造・流通および利用の加速が必要 ●世界的なSAF需要の高まりに対し、日本でも国産SAFの安定的な供給が求められるが、いまだ国産SAFの商用化に至っておらず、原料調達からSAF供給までの安定的なサプライチェーンの構築が急務 ●SAFの商用化が既に進んでいる欧米ではSAFに関する認知度が高まっており、日本においてもSAFの認知度向上が必要	航空会社	日本航空	SAFの調達および使用
		全日本空輸	SAFの調達および使用
	燃料製造会社（石油会社）	レボインターナショナル	廃食油を原料とするSAF製造
		ENEOS	廃棄物などを原料とするSAF製造
		出光興産	SAF製造・供給全般
		コスモ石油	廃食油を原料とするSAF製造
		太陽石油	木質バイオマスまたはCO₂を原料とするSAF製造検討
主な活動内容 ●国産SAFを通じた脱炭素化社会、資源循環型社会の実現に向けた各メンバーのアクションの発信 ●脱炭素化社会、資源循環型社会の実現に必要となる増加コストに関する議論 ●自治体、教育の場を通じたカーボンニュートラルに関する啓発活動 ●各メンバー同士での情報共有、新たなアクションへの意見交換 ●SAFに関する各国動向の共有 ●国産SAFにおける共通課題の抽出、ならびに関係機関との情報共有	エンジニアリング会社	日揮	廃食油を原料とするSAF製造
		IHI	SAF製造・認証・利用による航空機のCN達成に向けた貢献
		東洋エンジニアリング	FT合成によるSAF製造
		三菱重工業	バイオマスを原料とするSAF製造用噴流床ガス化設備を製造
	商社	伊藤忠商事	SAFの安定供給に資するサプライチェーン構築、国産SAF生産案件の検討
		丸紅	廃棄物などを原料とするSAF製造販売事業
		三井物産	エタノールを原料とするSAF製造
	鉄道会社	小田急電鉄	ウェイストマネジメント事業WOOMSを通じた資源・廃棄物収集のスマート化および地域の資源循環を高める施策の推進
	食品会社	日清食品	SAFの原料（油脂）供給への貢献

図3-3-3 ACT FOR SKYの概要と参加企業
正しくは、日揮は日揮ホールディングス、日清食品は日清食品ホールディングスのこと。レボインターナショナルの本社は京都市。FTはフィッシャー・トロプシュの略。（出所：日本航空のプレスリリースを基にADLが作成）

が、まだコンセプトと可能性を模索しているフェーズである。

　水素エンジンの採用について、欧州の大手航空機メーカーである
Airbus（エアバス）が2035年までの水素エンジン航空機の実用化を
目標として掲げている。水素旅客機構想「ZEROe」として、100〜
200人乗りの1000海里（1852km）程度の飛行による陸内輸送を目的
とした航空機や、2000海里（3704km）程度となる大陸間飛行に対応
した航空機などのコンセプトを複数発表している。ただし、エアバス
もSAFを重視しており、水素エンジンの導入目標である2035年に先
立つ2030年にはSAF100％の運行実現を掲げている。

　エアバス以外の航空機大手はSAF導入に注力している状況である。
米・航空機大手のBoeing（ボーイング）は、2010年代初頭までは水
素に関する取り組みも実施していたが、現在はSAFと都市内利用に
おける電動化に注力している。

　SAFも当面は従来ジェット燃料との混合活用が考えられるが、将
来のSAF100％での運行実現に向け、先に述べたエアバスに加えボー
イングも2030年までにSAF100％での運行実現を目標としている。
ボーイングは2021年に航空機エンジン大手の英Rolls-Royce（ロール
ス・ロイス）と共同でSAF100％のテスト飛行を実現させている。

　SAFの活用に向け、大きな課題はサプライチェーン確立による大
量調達手段の確保である。

CN燃料実用化をSAFがけん引の可能性

　繰り返しになるが、SAFの定義は再生可能または廃棄物を原料と
するジェット燃料である。現時点で有望視されているバイオ燃料に加
え、水素と二酸化炭素（CO_2）を原料とした合成燃料ベースのジェッ
ト燃料も製造可能となればSAFとされる。

　また第2章第1節でも触れたように、航空機はそもそもがプレミアムを払っての高速輸送という性質から、燃料の購買力も強い傾向がある。

　すでに航空業界はSAFをどのように大量調達するか、のフェーズに移行しており、CN液体燃料の実用化／大量生産は航空業界のSAFニーズが強力なドライバーとなる可能性が極めて高いといえるだろう。

第**4**章

CN燃料普及への道

CN燃料普及、
3つのシナリオと左右する
4つのドライバー

ここまでカーボンニュートラル（炭素中立、CN）燃料をめぐる各国政府の動向や各燃料の開発動向、そして様々な用途の輸送機器におけるCN化に向けた開発動向を見渡してきた。本章では、これらの現状を踏まえ、CN燃料の普及に向けたシナリオと定量的予測を紹介しつつ、普及に向けたボトルネックと、その解消に向けて必要と思われるアクションを提言する。本節ではまず、CN燃料普及の可能性を3つのシナリオに整理してみたい。

シナリオを左右する４つのドライバー

　CN燃料の普及に向けた複数のシナリオを考える上で、まずどのような点が各シナリオの分岐点になるだろうか（**図4-1-1**）。
　まずここまでの分析から、特に各国政府やエンドユーザーへの選択肢を実質的に用意する立場にある各用途の輸送機器メーカーは、基本的にはCN実現に当たっての各種技術の実現性や優位性を見通してから判断をする姿勢である。その観点から、以下のような幾つかの共通認識が醸成されつつある。

① 輸送機器におけるCN化の手段として、小型軽量・短稼働時間の一部用途を除くと、電動化は困難な用途が多数存在する
② バイオ燃料は高コストを許容する航空機用に多くが消費され、他機器への燃料供給に制約が出る可能性が高い
③ 水素は製造コストが支配的かつ現時点では高額で、採算が合うレベルにない
④ 混合バイオエタノール、混合バイオディーゼル、液化天然ガス（LNG）は温暖化ガス（GHG）削減に寄与するがCNとはならない

　そして、このような共通認識は、技術革新やCN化に向けた政策的な前提変化によって大きく変わり得るものであり、これらがシナリオ上の分岐点となり得る。

　より具体的に言えば、以下の4つがシナリオ分岐に関わるCN燃料の普及に向けたドライバーになると考えられる。技術的なドライバーとしては、1つ目が電動化普及の鍵を握る「バッテリー革命〔＝性能（エネルギー密度、出力密度）／コストの不連続進化〕」である。これはCN燃料普及に対しては、トレードオフの関係、すなわち、バッテリー革命が進めば電動化がより幅広い用途で進展し、結果としてCN

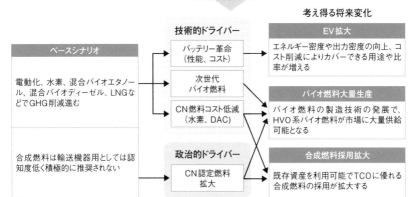

図4-1-1　CN燃料普及シナリオに変化をもたらすドライバー
LNGは液化天然ガス、GHGは温暖化ガス、DACはDirect Air Capture（大気中のCO$_2$の直接回収）、EVは電気自動車、HVOはHydrotreated Vegetable Oil（水素化植物油）、TCOは総所有コスト（トータル・コスト・オブ・オーナーシップ）のこと。（出所：ADL）

燃料普及へのニーズが相対的に小さくなる、という関係にある。

　2つ目は、「次世代バイオ燃料の進展」である。特に第3世代と言われる藻類由来のバイオ燃料の量産化が広がると、第1、2世代のバイオ燃料では普及に向けたボトルネックとなっている供給制約の問題が緩和される可能性が高い。結果として、次世代バイオ燃料が普及すればCN燃料全体にとってはプラスとなる。一方で、CN燃料の中での合成燃料（e-fuel）とバイオ燃料との比較においても、バイオ燃料の普及がより進む可能性がある。

　3つ目が、「CN燃料コストの低減」である。特にCN燃料の中でも、合成燃料のコストの過半を占める原料としての水素および二酸化炭素（CO_2）、特に現状でのe-fuel認定の必須要件とされている、大気中のCO_2を直接分離・回収する技術であるDAC（Direct Air Capture）による製造コストが鍵を握っている。合成燃料のコストが下がれば、CN燃料の普及が拡大することになる。

　以上の3つの技術的なドライバーに加え、4つ目の政治的なドライバーとして、排ガスゼロ車（Zero Emission Vehicle、ZEV）に対する各国の規制（ZEV規制）における「CN認定燃料の拡大」が挙げられる。特に合成燃料においては、現状では、原料の水素は、再生可能エネルギー（RE）電源から造られたグリーン水素を活用し、CO_2もDACのような形で大気中から直接回収したものしかCN燃料（e-fuel）の原料としては認められない。これが、化石燃料由来のブルー水素やCO_2回収・有効利用・貯留（Carbon dioxide Capture, Utilization and Storage、CCUS）など既存アセットを利用可能でトータルコスト（総所有コスト、TCO）に優れる工法で製造された水素の場合でもCN燃料の原料として認定されるようになれば、必然的にCN燃料のコスト低減につながる。結果としてCN燃料の普及を促進する効果があると考えられる。

考えられるシナリオは3つ

　以上の4つのドライバーを考慮すると、CN燃料の普及に関して考えられるシナリオとしては、以下の3つが想定される（**図4-1-2**）。

シナリオ①：ベース（成り行き）シナリオ

　各ドライバーの状況を中心に現状の延長線上として成り行きで推移するケースで、特に以下3点が前提となっている。

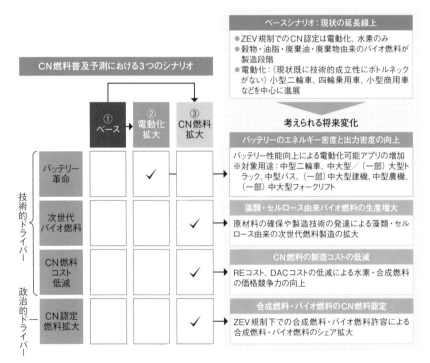

図4-1-2　考えられる3つのシナリオ
3つとは、ベース（成り行き）シナリオ、電動化拡大シナリオ、CN燃料拡大シナリオのこと。（出所：ADL）

- ・ZEV規制でのCN認定は電動化、水素のみ
- ・穀物・油脂・廃棄油・廃棄物由来のバイオ燃料が量産段階（次世代バイオ燃料の導入は限定的）
- ・電動化については、現状既に技術的成立性にボトルネックがない小型二輪車、四輪乗用車、小型商用車などを中心に進展

シナリオ②：電動化拡大シナリオ

　ベースシナリオに対して、バッテリーのエネルギー密度と出力密度の向上やコスト削減が大きく進み、特に以下の2つのメカニズムにより、複数の用途で電動化の進展が加速するケースである。

- ・既存の液系リチウムイオン電池の進化により、バッテリーのエネルギー密度向上やコスト削減が進むことで、結果として電動化がCN燃料など他のCN化手段よりもエンドユーザーから見たTCOで有利になり、電動化の比率が上昇（**図4-1-3**）

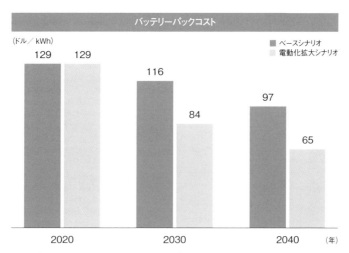

図4-1-3　電動化拡大シナリオの前提としたバッテリーパックコストの低減
（出所：エキスパートインタビューを基にADLが作成）

・全固体電池など次世代電池の実用化などにより、現行よりも出力
密度の高いバッテリーが登場し、現状（ベースケース）では出力
密度がボトルネックとなって技術的成立性の観点から電動化が困
難とみられていた用途でも電動化が進展

　1つ目の要因により既存用途の電動化がさらに進み、2つ目の要因で
は、中型二輪車、中大型トラック、中型バス、中大型建機、中型農機、
中大型フォークリフトといった用途で電動化が進むことが想定される。

シナリオ③：CN燃料拡大シナリオ

　最後のシナリオが、CN燃料をめぐる技術的・政治的なドライバー
が進展し、CN燃料の普及が加速されるケースである。具体的には、
以下のような進展が想定される。

・**藻類・セルロース由来バイオ燃料の生産増**：原材料の確保や製造技
術の発達による藻類・セルロース由来の次世代バイオ燃料の製造量が
増加し、バイオ燃料の供給制約が緩和される（**表4-1-1**）

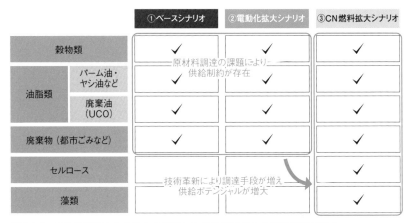

表4-1-1　CN燃料拡大シナリオの前提となる次世代バイオ燃料の生産増大
UCOはUsed Cooking Oilの略。（出所：ADL）

・CN燃料の製造コストの低減：REコストやDACコストの低減により水素・合成燃料の価格競争力が向上するというもので、特にこのうち合成燃料の製造コストとして支配的なものが水素の製造コストである（図4-1-4）。ベースシナリオでは、短期的にはブルー水素由来の水素や合成燃料がコスト有利でシェアを拡大するが、2030年以降、REコストの低下に伴いグリーン水素由来の水素や合成燃料への転換が進

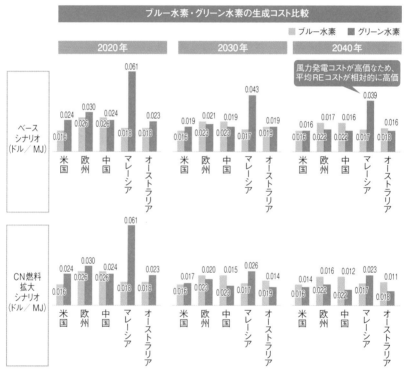

図4-1-4　CN燃料拡大シナリオにおけるCN燃料製造コスト低減を前提とした水素製造コスト
CN燃料拡大シナリオでは、REコストの下落を見込み、太陽光発電、洋上風力発電、陸上風力発電のうち、最も安価なREコストとした。〔出所：International Energy Agency『Net Zero by 2050：A Roadmap for the Global Energy Sector』、地球環境産業技術研究機構（RITE）『2050年カーボンニュートラルのシナリオ分析（中間報告）』を基にADLが作成〕

展すると想定している。これに対してCN燃料拡大シナリオでは、REコストの低下により、グリーン水素のさらなる生成コストの低下を見込んでいる

・合成燃料・バイオ燃料のCN燃料認定：現状導入されているZEV規制のような手段規制においては、合成燃料・バイオ燃料は、2023年3月の欧州e-fuel ZEV認定など一部を除き手段として認定されていないが、将来的にCN燃料として認定され手段規制における手段の1つとなることで、CN達成手段の中での合成燃料・バイオ燃料の想定シェアが拡大（**表4-1-2**）

　実際には、これらシナリオによる影響度合いは、地域・用途ごとに異なってくる。これらを前提とした場合の定量的な将来予測を次節以降で見ていく。

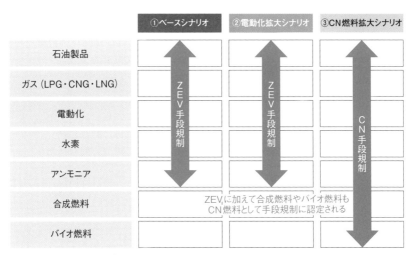

表4-1-2　合成燃料やバイオ燃料のCN燃料認定によるCN燃料拡大シナリオ
LPGは液化石油ガス、CNGは圧縮天然ガスのこと。（出所：ADL）

第 2 節

電動化一辺倒では
CN実現は難しい

前節では、カーボンニュートラル（炭素中立、CN）燃料の普及を考えるうえでの主要ドライバーとその方向性に関して設定した3つのシナリオについて紹介した。本節では、実際にこれらのシナリオに基づき、時系列、国・地域、用途によってどのような形でCN燃料を含めた輸送機器の動力源のCN化が進んでいくのか予測結果を幾つかの切り口から紹介したい。

年次別×用途別CN化の違いを生む3要素

　Arthur D. Little（アーサー・ディ・リトル、ADL）では、これまで紹介してきた各国政策や、CN燃料と用途別のCN技術開発動向を統合的に分析し、2040年までの各国および用途別のCN化技術の普及割合を定量的に予測している。その一例として、ベース（成り行き）シナリオを前提とした米国における予測結果を示す（**図4-2-1**）。

　まず年次で見ると、現状（2020年）から2030年ごろまでは乗用車や小型商用車（Light Commercial Vehicle、LCV）など一部の用途において電動化を中心にCN化が徐々に進展する程度にとどまる。だが、2040年にかけて、多くの用途においてCN燃料を含めた多様なアプローチでのCN化が進展する。このような年次別・用途別のCN化技術の浸透率やその技術別比率の違いは、大きく3つの要素から生まれている。

　1つは、排ガスゼロ車（Zero Emission Vehicle、ZEV）への移行を促すZEV規制のようなCN化実現に向けた手段規制が課せられているかどうか、という視点である。この観点から、米国においてカリフォルニア州をはじめ一部の州でZEV規制が課せられている乗用車・LCVといった用途については、いち早く、かつ高い比率で電動化が進む。一方で、固有のZEV規制が課せられていない用途においても、

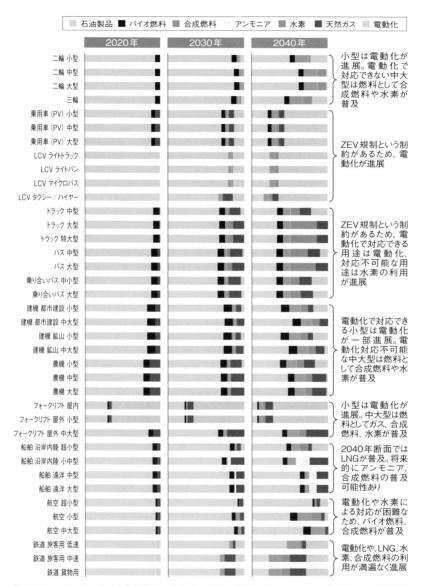

図4-2-1　ベースシナリオを前提とした場合の米国における燃料・エネルギー源の構成比予測
フロー（＝各年単年の販売台数ベース）ではなく、ストック（＝各年時点での保有台数ベース）で示している。LCVは小型商用車、ZEVは排ガスゼロ車（Zero Emission Vehicle）、LNGは液化天然ガスのこと。（出所：ADL）

国全体としてのCN化目標実現に向けて取り組みは民間ベースで進むとみられる。

この場合、各用途における技術的成立性と各CN化手段のユーザーから見た総所有コスト（トータル・コスト・オブ・オーナーシップ、TCO）の比較により、CN化の進捗率とその中での各CN化手段の比率が決まる。例えば、二輪車においては、電動化が技術的に可能な小型セグメントでは電動化が進むが、必要な航続距離の確保などを含めると技術的成立性が低い中型・大型の領域では燃料として合成燃料や水素が普及する見込みである。

また、トラック・バスなどの商用車に関しても、今後ZEV規制の数値目標の上振れなど規制がより強まる可能性がある。特に、大型の領域に関しては、電動化の技術的成立性が低いため、電動化の代わりにZEVとして認められる水素（燃料電池）利用が進むとみている。ZEV規制のない建機・農機に関しても、同様に供給側の機械メーカーやユーザー企業自身のCN化目標実現が主要ドライバーとなり、CN化が一定程度進むとみられる。だが、その手段としては技術的に可能な小型については電動化が進むものの、中大型に関しては商用車と同様に電動化の技術成立性が低い。結果として水素やCN燃料の活用がCN化の主要な手段となる。

フォークリフトも建機・農機と同様な構造ではあるが、そもそも室内利用のために排ガスが出ないなどTCO以外の面で電動化の付加価値が認められる。実際に足元でも既に中小型中心に電動化の比率が高くなっている。

一方で陸上の輸送機器と異なる形でCN化が進むのが船舶と航空機である。このうち、船舶は2040年時点でも（CNではない）天然ガス利用が主流であり、一部でよりCN化に有効なアンモニアを活用した内燃機関という形でCN化が進む。一方、航空機においても、国際機

関により二酸化炭素（CO_2）排出量の低減目標が設定されているが、実際には2040年時点でも特に中大型の領域では電動化や水素（燃料電池）が技術的に成立する見込みは低く、CN燃料の採用がCN化に向けた主な実現手段となる。

2040年には国別CN化進展の違い明確に

では、上記のような年次別×用途別のCN化状況は、国によってどの程度異なるだろうか。2040年時点の主要国における用途別CN化比率（ストックベース）を国別に比較すると、幾つかの興味深い点が浮かび上がってくる（**図4-2-2**）。

ベース（成り行き）シナリオを前提にした場合、まず、CN化の推進で先行する先進国、特に欧米とそれ以外の地域では2040年時点でのCN化の進捗や手段別比率に大きな差がみられる。タイやインドなどのアジアを中心とした新興国において特にCN化の遅れが顕著だが、注目してほしいのは、日本や中国に関しても乗用車など一部の用途以外は、むしろ欧米よりも新興国に近いということである。その1つの要因として考えられるのが、乗用車以外の用途において、ZEV規制のような手段規制の導入が進まないとみられることだ。

加えて、もう1つの重要な点が、2040年時点でCN化手段の主流になると考えられるグリーン水素やそれを原料とした合成燃料のコストを左右する再生可能エネルギー（RE）の発電コストである。REコストが先行して下がる欧米や中南米に比して、日本や東南アジア各国は高止まりする状況が続く（**図4-2-3**）。

このため、商用車や建機・農機など、特に手段規制がない用途や電動化の技術的成立性が低い用途に関しては、欧米では、水素や合成燃料の普及がベースシナリオにおいて一定程度進む。これに対して日本

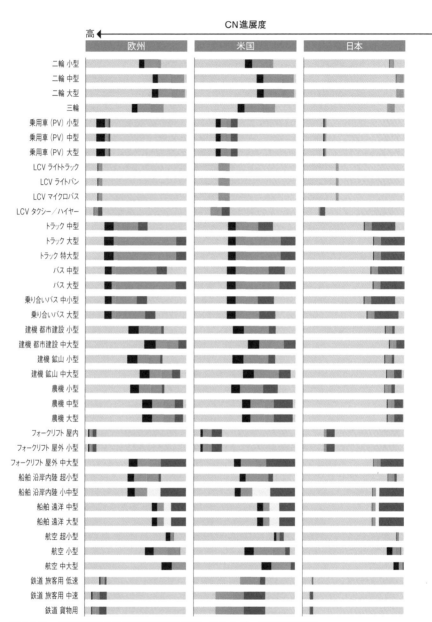

図4-2-2　2040年における主要国別の燃料・エネルギー源構成比予測
ベースシナリオを前提とした場合のもの。（出所：ADL）

162

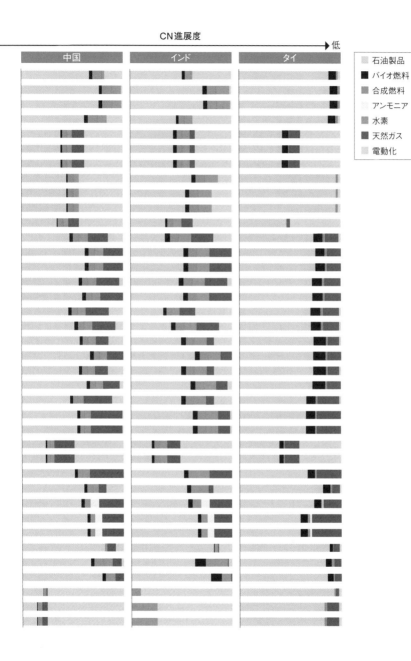

CN進展度

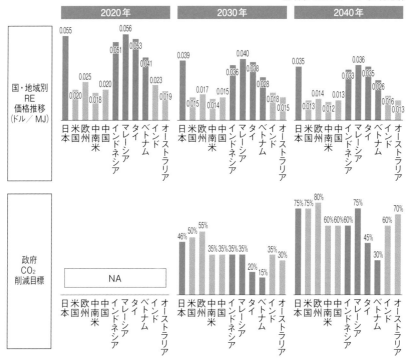

図4-2-3　国・地域別のRE価格とCO₂削減目標
ベースシナリオを前提とした場合のもの。RE価格は、太陽光発電、洋上風力、陸上風力のうち、安価な2つのRE価格の平均。NAは該当なしの意。（出所：ADL）

　を含むアジアでは、顧客から見たTCOの観点から、水素や合成燃料が経済合理的なCN化の手段として受け入れられにくく、結果としてCN化が進まない可能性が高い。一方で、タイにおけるバイオ燃料など、各国政府が固有に普及をもくろむ手段については、一定程度普及することも考えられる。

電動化拡大とCN燃料拡大の両シナリオの影響は……

　次に、ベース（成り行き）シナリオに対して、電動化拡大シナリオ・CN燃料拡大シナリオの2つのシナリオによる変化がどのように表れるかを見てみたい。まず電動化拡大シナリオに関して、米国におけるベースシナリオとの違いを比較してみよう（**図4-2-4**）。

　電動化拡大シナリオにおいては、バッテリーコストの低下と、次世代電池の実用化による高い出力密度も維持したうえでのエネルギー密度の向上を主な要素として織り込んでいる。このうち、バッテリーコスト低下による電動化のシェア拡大の影響は限定的だが、エネルギー密度向上により活用可能性が拡充した用途では電動化シェアが拡大している。具体的には、中型二輪、大型トラック、中型バス、建機・農機・フォークリフトの中型など、もともと電池の搭載性などの観点での電動化の技術成立性が制約となっていた用途である。

　一方でCN燃料拡大シナリオではどうか。CN燃料拡大により特にインパクトが大きいパターンは、2つ考えられる。1つは、ZEV規制の実現手段として、合成燃料・バイオ燃料が認定され、かつ合成燃料のコスト低減が進むことで、他のシナリオでは電動化が進むとみられていた用途にCN燃料の利用が広がるパターンである。代表例としてLCVの中でもピックアップなどライトトラックの例を紹介しておく（**図4-2-5**）。この場合、特に日本・欧州・米国などの先進国で合成燃料の利用が拡大する見込みである。

　もう1つのパターンが合成燃料のコストが下がることで合成燃料が水素よりもTCOで有利となり、他のシナリオでは水素が普及する見込みだった用途に合成燃料の利用が広がるパターンである。大型バスがこのパターンの代表例となる（**図4-2-6**）。特に欧州・米国などでこの水素から合成燃料に変わるシフトが起こる。

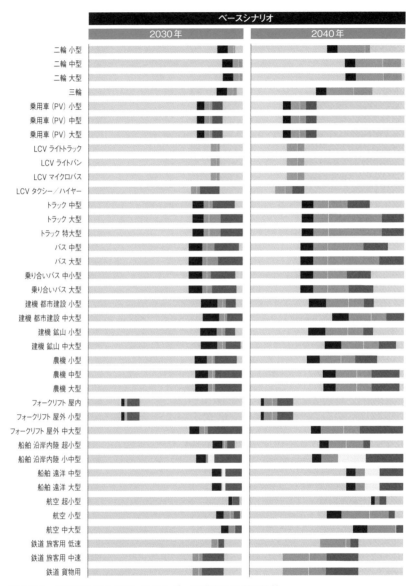

図4-2-4　米国における燃料・エネルギー源構成比予測の比較
ベースシナリオの場合と電動化拡大シナリオの場合を比較した。（出所：ADL）

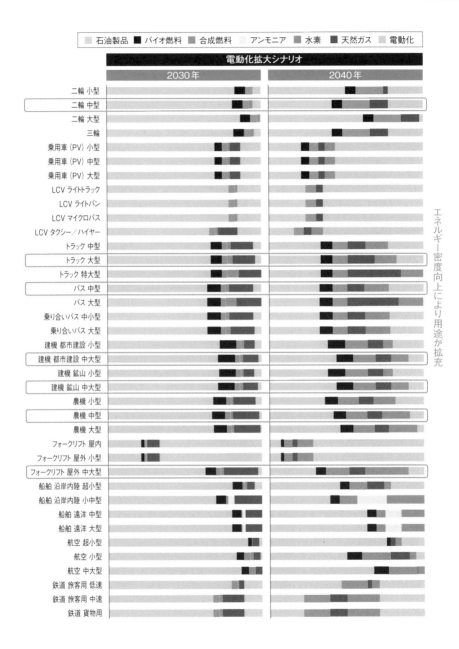

凡例: 石油製品 / バイオ燃料 / 合成燃料 / アンモニア / 水素 / 天然ガス / 電動化

電動化拡大シナリオ

2030年 / 2040年

二輪 小型
二輪 中型
二輪 大型
三輪
乗用車 (PV) 小型
乗用車 (PV) 中型
乗用車 (PV) 大型
LCV ライトトラック
LCV ライトバン
LCV マイクロバス
LCV タクシー／ハイヤー
トラック 中型
トラック 大型
トラック 特大型
バス 中型
バス 大型
乗り合いバス 中小型
乗り合いバス 大型
建機 都市建設 小型
建機 都市建設 中大型
建機 鉱山 小型
建機 鉱山 中大型
農機 小型
農機 中型
農機 大型
フォークリフト 屋内
フォークリフト 屋外 小型
フォークリフト 屋外 中大型
船舶 沿岸内陸 超小型
船舶 沿岸内陸 小中型
船舶 遠洋 中型
船舶 遠洋 大型
航空 超小型
航空 小型
航空 中大型
鉄道 旅客用 低速
鉄道 旅客用 中速
鉄道 貨物用

エネルギー密度向上により用途が拡充

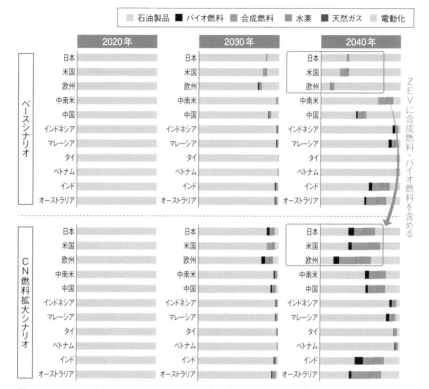

図4-2-5　ライトトラックにおける燃料・エネルギー源構成比予測
CN燃料拡大シナリオでは、ZEVに合成燃料やバイオ燃料が含まれることで、その構成比がベースシナリオに比べて高まり、電動化の割合が減る。（出所：ADL）

電動化拡大とCN燃料拡大は背反するものではない

　以上のような定量予測結果を踏まえると、CN燃料導入のそもそもの大目的であった輸送機器部門におけるCN化はどの程度実現可能な目標といえるだろうか。この点については、現時点における各視点での現実的な想定を前提とすると、実現はかなり厳しいと言わざるを得ない（**図4-2-7**）。少なくともベース（成り行き）シナリオでは、多く

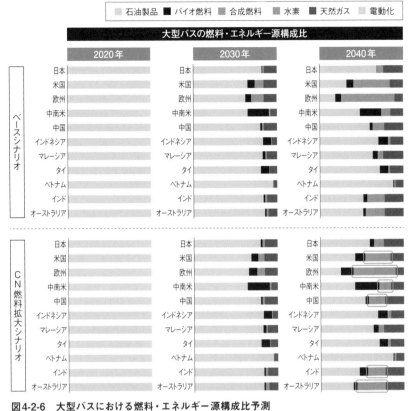

図4-2-6　大型バスにおける燃料・エネルギー源構成比予測
CN燃料拡大シナリオでは、合成燃料のTCOが水素よりも有利になることで、水素が普及する見込みだった用途に合成燃料が使われるようになる。（出所：ADL）

　の用途においてストックベースでは既存の内燃機関ベースの車両が多く残存することとなり、2040年はおろか、（先進国の多くが目標として掲げる）2050年時点でもCN化の達成は難しい。

　これに対して、よりCN化に向けた取り組みが加速する電動化拡大シナリオやCN燃料拡大シナリオにおいてはどうか。電動化拡大シナリオにおいても、電動化可能な用途は増えるものの、実際の電動化比率の拡大は一部にとどまる。このため、全体のCN達成度には大きく

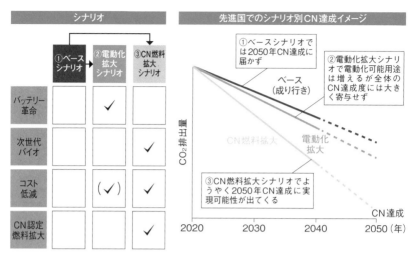

	①ベースシナリオ	②電動化拡大シナリオ	③CN燃料拡大シナリオ
バッテリー革命		✓	
次世代バイオ			✓
コスト低減		(✓)	✓
CN認定燃料拡大			✓

図4-2-7　CN達成実現の可能性
（出所：ADL）

寄与せず、結果としてCN化の達成はいまだ困難と考えられる。

　一方、CN燃料拡大シナリオについては、技術的成立性の観点から電動化が困難であり、かつ現状での燃料消費量が大きい中大型の輸送機器に対して有効なCN化手段となる。このため、他のシナリオに比べて輸送部門全体としてのCN化への寄与度は大きいと考えられる。それでも世界全体で見ればまだCN化には届かないものの先進国に限定すれば「2050年時点でのCN化実現」の可能性が見えてくるレベルといえそうである。

　実際には、この電動化拡大シナリオとCN燃料拡大シナリオは背反するものではなく、ある程度両立も可能といえる。故に輸送部門全体におけるCN化に向けては、電動化一辺倒ではなく、水素やCN燃料なども含む幅広いCN化手段を念頭に置いた政策導入・技術開発・ビジネスモデル構築など、いわば総力戦が必要となるのである。

第3節

CN燃料普及へ
7つのボトルネックと
必要アクション

これまで、カーボンニュートラル（炭素中立、CN）燃料について
の動向を多面的に分析し、前節では想定されるシナリオ別に、地域×
用途ごとにどの程度CN燃料が普及し得るかを定量的に予測した結果
を紹介した。その結論としては、輸送分野におけるCN実現に向けて
は、電動化のみならずCN燃料も含めた多様なCN実現手段の普及が
不可欠であること、一方で、その実現においては多くのボトルネック
も存在することが見えてきた。本節では、これらCN燃料の普及に向
けたボトルネックを整理したうえで、その解消に向けた必要アクショ
ンを提言してみたい。

CN燃料普及に向けたボトルネック

　ここまでの分析・考察を踏まえると、CN燃料の普及に向けたボト
ルネックは以下の7点に集約される（図4-3-1）。

(1) 市場での認知・啓蒙

　まず最も基本的な点として、CN燃料がどのようなものかがまだ世
の中で広く認知されていないことが挙げられる。CN燃料の中でも、
多くの地域で一部実用化されているバイオ燃料はともかく、特に合成
燃料（e-fuel）については、その定義や製造方法など一般消費者はお
ろか自動車メーカーなどユーザー企業の中でも十分な認知が広がって
いない段階にある。本書執筆の目的の1つでもあるが、まずはCN燃
料の存在を広く知らしめたうえで、CN燃料が電動化や水素などと並
ぶ輸送部門におけるCN実現のための有力な手段になり得ることを一
般消費者含めた市場に対して啓蒙していくことが、CN燃料の普及を
進めるうえでの大前提となる。

1	市場での認知・啓蒙
2	ユーザー側の受け皿づくりとニーズ発信
3	トップダウンでの政策目標設定
4	関連制度の設計
5	関連制度のグローバル展開・調和
6	要素技術開発
7	スケールアップに向けたリスクテーキング

図4-3-1　CN燃料普及に向けたボトルネック（課題）
リスクテーキングとは、リスクを認識したうえで、リスクを負った行動を実施すること。（出所：
ADL）

（2）ユーザー側の受け皿づくりとニーズ発信

　次にポイントになるのが、ユーザー側から見たニーズをいかに発信していくか、という点である。ここでのニーズには、乗用車などにおける一般消費者や、商用車や産業用車両などにおける法人顧客といった最終消費者からのニーズもあるが、実際には最終消費者に対して選択肢を提供する立場の各輸送機器メーカーにとってのニーズ、という視点もある。事実、乗用車においては、各国政府が自国でのCN実現に向け、自動車メーカーに対して内燃機関（ICE）車の販売禁止などの規制を導入していることが、現実的には電動化の一番のドライバーとなっていることは、広く知られるようになっている。

　一方でCN燃料については、そもそも誰が一番強いニーズを持っているのかが、十分に認識されているとはいえない状況にある。この点が、石油会社などCN燃料の供給側のプレーヤーに、CN燃料への開

173

発・量産投資をちゅうちょさせる一番の原因になっているともいえる。一般に、石油会社が将来動向を考えるうえで最も注視しているのが、自動車（乗用車）メーカーの動向である。ところが、大半の乗用車メーカーにとっては、現在のところCN化に向けた手段としては電動化対応が最優先の課題となりつつあり、CN燃料は、水素などと並ぶそれ化以外の選択肢の1つとの位置付けになっている。このため、供給側の石油会社としても、CN燃料に本気で取り組むインセンティブが弱い、という構造になってしまっている。

では、乗用車メーカー以上に、CN実現のためにCN燃料の普及を必要としているのは誰なのか。技術的成立性の観点で、バイオ燃料を含めた液体燃料が必須という意味では、航空機や船舶などの分野がまず挙げられる。実際に特に航空機分野では、ユーザーニーズの集約とCN燃料の供給に向けたサプライチェーンの構築が進み始めている。

加えて、陸上の輸送機器の領域においても、技術的に電動化対応が困難な中大型の商用車や建機・農機といった産業用車両、中大型の二輪車などの領域では、CN燃料の普及が特に強く求められる。ただし、これら用途の市場は、（トータルで見た燃料の消費量としては決して小さくないものの）特に台数規模で見たときの市場規模が乗用車に対して小さく、結果として各車両メーカーの企業規模、ひいては燃料市場における影響力も、大手の乗用車メーカーから見ると限定的、という構図になっている。こうした構図を打破するためには、個別企業ごとの努力に加えて、特にCN燃料に対するニーズの強いユーザー企業同士が業界横断的に連携していくための受け皿づくりが必要となろう。

(3) トップダウンでの政策目標設定

CN燃料の普及を促進するうえで、もう1つ鍵となるのが各国政府の方針である。これは、政策目標の形で示された政府レベルのコミッ

トメントと、その実現手段として整備される各種規制や補助金・税制面などの優遇策が、需要・供給双方の動きをドライブするという面があるからだ。しかしながら、(1)、(2) の結果として、現状ではCN燃料に関しては、各国政府が整備しつつあるCN実現に向けたロードマップの中で、CNの実現手段として重点化されているケースは珍しい。

それでもバイオ燃料に関しては、ブラジルや米国、東南アジア諸国の一部など、注力方針を掲げる国は存在する。だが、CN燃料として中長期的に本命視される合成燃料に至っては、現状では、各国政府ともその普及に向けて戦略的な注力方針を掲げているとは言い難い。日本においても、2022年度から資源エネルギー庁が主体となって、合成燃料の導入促進に向けた官民協議会を発足し検討を始めているが、日本政府としての本格的な検討やCN実現に向けた政策ロードマップ上での位置付けに関する議論は、緒に就いたばかりである。これに対して、ほぼ唯一の例外的な動きはドイツである。こちらについては後ほど詳説したい。

(4) 関連制度の設計

(3) の政策目標の設定と並び、政府側に期待されるCN燃料普及に向けた重要な役割の1つとして、関連諸制度の設計・整備が挙げられる。CN燃料、中でも合成燃料に関する制度設計上、特に重要な論点は以下の3つである。

ⅰ) e-fuelの定義〔ブルー水素／二酸化炭素（CO_2）回収・有効利用（CCU）の位置付け〕：第2章第4節で述べたように欧州におけるe-fuelの現状定義では、合成燃料の中でも、グリーン水素とDAC（Direct Air Capture）で大気中から直接捕集したCO_2から製造する

CO_2フリーの合成燃料のみがe-fuelであり、この定義に沿ったe-fuelのみがCN実現手段として認められるとの立場をとっている。一方で、合成燃料の社会実装を見据えると、現実的には短中期的により現実解であるブルー水素やCCUなどで捕集されたCO_2などから製造された場合でも、一定以上のCO_2削減効果が見込めるとの立場から有効なCN実現手段として認められるべきだとの意見も多い。特に、国内において短期的に再生可能エネルギー（RE）由来の電力やグリーン水素のコスト競争力が整わない日本にとっては、このe-fuelを拡張的に再定義することが導入に向けたハードルを下げるという点で、極めて重要である。

ⅱ）**テールパイプエミッションの取り扱い**：e-fuelの定義と並んで、合成燃料やバイオ燃料をCN実現手段と位置付ける際のもう1つの論点として、製造時点ではCNであっても、利用時にCO_2やその他の排ガスが発生することをどう捉えるか、という点がある。欧米などで一部の輸送車両に導入している（もしくは導入を見込む）排ガスゼロ車（Zero Emission Vehicle、ZEV）規制では、CN燃料を使うICE車やハイブリッド車であってもZEVの対象外となる（可能性がある）。このため、合成燃料の普及を進めるうえでは、CN実現に対する合成燃料の有効性を、全体システムとしてのCO_2削減という観点からしっかりと把握し、周知していく必要がある。

ⅲ）**CO_2排出・削減量の算出方法**：1点目のブルー水素やCCUの位置付け、2点目のテールパイプエミッションの議論とも関連するのが、CO_2排出・削減量の算出方法の定義である。これは国単位（マクロ）と企業単位（ミクロ）の両方で論点となるが、まずマクロ視点でいえば、国外で製造された合成燃料やバイオ燃料を輸入して利用する場

合、特に輸入国側でのCO$_2$排出量（削減への貢献）をどうカウントするか、という問題である。一方、ミクロ視点でいえば、特に車両メーカーにとってのスコープ3の議論として、CN燃料利用時のCN貢献をどう自社の貢献分としてカウントできるか、という点がポイントとなる。いずれの視点についても、今後導入が見込まれるカーボンプライシングや国境炭素税でのCN燃料の取り扱いなどに直結し、特に日本としては重要なポイントになるため、これを考慮した制度設計が肝となる。

(5) 関連制度のグローバル展開・調和

CNにまつわる他の制度同様、これら関連制度は日本国内のみで通用するものでは意味がなく、グローバルに共通の尺度で適用・評価されるものである必要がある。そのため、国内での制度設計においても、グローバル展開や世界各地で進む規格・標準化の動きに対応していくことが必須となる。その観点では、大きく2つの視点を意識する必要がある。

ⅰ）**先進国間での連携**：特にCN化に向けた取り組みとe-fuelの技術開発で先行する欧州が、CN燃料の領域に関する制度設計においても既に先行しつつある。特に、日本と同様にこれまでエンジン技術で世界をリードしてきたドイツでは、後述するように民間コンソーシアムが政府側のCN燃料に対する政策方向性に一部影響を与えている。他の領域と同様に、このような欧州の戦略的な動きを日本としてもしっかりと認識したうえで、協調すべきところは協調しながらグローバルなルールづくりを共に先導する役割を担うことが重要となる

ⅱ）**新興国への展開**：他方、今後も成長余地が大きく、またCNに向

けた取り組みとしてもできる限り自国資源を有効活用した形での経済的なソリューションを求める新興国は、CN燃料の展開においても、重要な市場となり得る。その観点では、いかに主要新興国とウインウインとなり得るような制度設計を展開できるかも重要な視点となる。

(6) 要素技術開発

　市場に対する啓蒙や関連諸制度の整備と並行して進める必要があるのが、CN燃料製造・流通に向けて必要となる要素技術開発である。正確に言えば、CN燃料の場合、水素など他のエネルギーキャリアーとは異なり流通面では既存の液体輸送用燃料インフラが活用できるため大きなボトルネックは存在しない。また、燃料製造に関する基本技術も既に確立されている。一方で、コスト低減を含めた量産化に向けては既存の製造方法では十分なコストダウンが期待できなかったり、合成燃料では、現状定義でe-fuel認定を受けるためのグリーン水素製造やDACなどについて、まだ工法レベルで様々な方式が試行されている段階にあったりする。特にDACについては、この数年で注目が集まり始め、各国政府も開発に向けた公的支援を強化し始めているが、e-fuelの量産時に求められる規模やコストでの量産化にめどが立っている状況にはない。一部の海外スタートアップがe-fuel実証プロジェクトで実装を進めている段階にとどまる。このような足の長い技術開発を継続・加速していくためには、現状のような一部の公的支援と各民間企業の個別の研究開発活動に加えて、専業スタートアップ企業の育成や業界横断的なCVC（Corporate Venture Capital）の設立など、資金の出し手側の厚みを増していくような施策も併せて検討していく必要があろう。

(7) スケールアップに向けたリスクテーキング

　CN燃料の量産化に向けては、前述の技術開発面でのボトルネックに加えて、事業化の観点でもボトルネックが存在している。CN燃料の中でもバイオ燃料に関しては、SAF（Sustainable Aviation Fuel、持続可能な航空燃料）を中心に需要側のニーズや必要量が明確になる中、様々なプレーヤーが量産レベルでの本格参入を発表し始めており、サプライチェーンが着々と構築されつつある。ただし、バイオ燃料の場合、現段階では原料側の供給制約が存在するケースが多いとの現実がある。一方で、理論的には供給制約がなくCN燃料として中長期的には本命視されている合成燃料については、既存のサプライチェーンを流用できることから量産化に向けて最も近い立場にあるとされる石油会社を含めても、いまだに量産化を主導するプレーヤーが世界的にも見えていない段階にある。これは前述したように、SAF以外は市場の見通しが現状では不透明であることが一番大きなボトルネックとなっている。まずは、このボトルネック解消のために施策が必要となる。さらに、市場の立ち上がり期においては、各国政府側による一歩踏み込んだリスクテークも求められる。特に日本においては、過去も石油など化石燃料の安定調達に向けて国策企業が参画するケースが見られたが、CN燃料においても、量産に向けた公社設立なども視野に入れた議論が必要となろう。

欧州におけるCN燃料に対するスタンスの違い

　このような多岐にわたるボトルネックを解消していくうえで参考になるのは、やはりドイツを中心とした欧州の動きである（**図4-3-2**）。本書で見てきたように、現状、各国政府は輸送部門のCN化に向けて、電動化と水素活用を主とするシナリオを描いている。もっとも、水素

についてはインフラ構築やエンジン開発など課題が山積みであることから、ユースケース上で電動化が有利な用途は電動化し、他は合成燃料とバイオ燃料を活用していくというアプローチが現実的と考えられる。欧州も、表面上は、乗用車の領域を中心に電動化を本命とし一部熱利用・発電用途や大型の輸送機器などでは水素活用というシナリオを描いているように見えているが、実はCN燃料、特に合成燃料につ

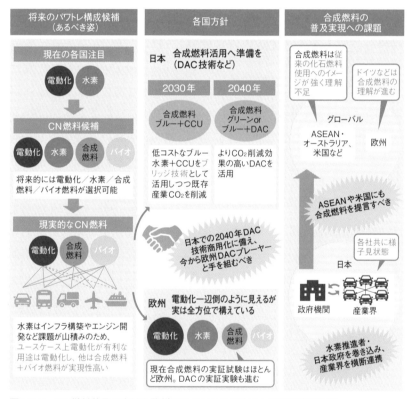

図4-3-2　CN燃料普及に向けた欧州のスタンスと日本として目指す方向性
パワトレとは、パワートレーンのこと。CCUはCarbon dioxide Capture and Utilization の略で二酸化炭素（CO$_2$）回収・有効利用のこと、DACはDirect Air Captureの略で大気中のCO$_2$を直接分離・回収する技術のこと。ASEANは東南アジア諸国連合。（出所：ADL）

いて、水面下では着々と準備を進めている。

　実際に、合成燃料の実証試験は、ほとんどが欧州で行われている。DACの実証実験も進んでいる。また、e-fuelの推進を図るための業界横断的なコンソーシアムとして「eFuel Alliance」がドイツで創設され、欧州連合（EU）や各国政府に対して、CN化に向けた有力手段としてのe-fuelの活用や各種規制に関するロビー活動を展開している。ドイツも日本と並び、ICEの技術で世界をリードしてきた歴史的背景から、ICEの技術を活用できるCN燃料の普及には本心では積極的であり、そのためにはこのようなe-fuelの普及も、電動化普及の裏で虎視眈々と見据えているのである。

CN燃料普及の鍵は、推進プレーヤーの組成

　一方、日本においては、CN実現に向けては全方位のアプローチとしながらも、本命の電動化については、少なくとも市場やサプライチェーンの形成の観点では、中国や欧州、米Tesla（テスラ）などの海外企業に対して出遅れつつある。一方で、もともと世界的に技術開発や市場導入で先行してきた水素についても、インフラ普及の段階においては、ボトルネックが目立つようになってきており、その出口を模索する状況が続いている。

　このような中では、水素を原料とする合成燃料の普及にまで目を向けることで新たな展開を描くことも有効だろう。先行する欧州勢と競合するのではなく、協調してグローバルに市場形成を進めることが重要である。

　その実現に向けては、前述の各ボトルネックの解消と併せて、CN燃料普及の鍵となる推進プレーヤーを明確にする必要がある。日本はもともとこの手のエネルギーのバリューチェーン組成については、こ

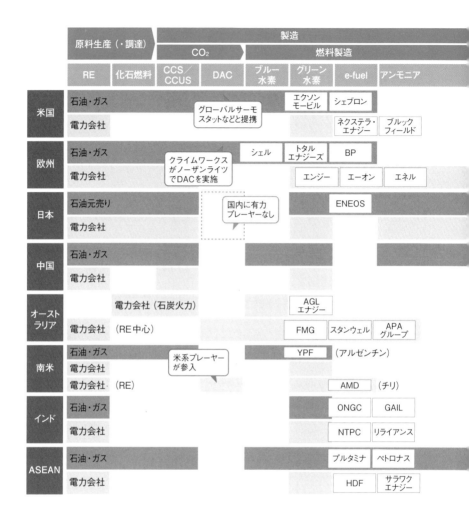

図の内容（表）:

		原料生産（・調達）		CO₂		燃料製造			
		RE	化石燃料	CCS／CCUS	DAC	ブルー水素	グリーン水素	e-fuel	アンモニア
米国	石油・ガス			グローバルサーモスタットなどと提携			エクソンモービル	シェブロン	
	電力会社							ネクステラ・エナジー	ブルックフィールド
欧州	石油・ガス			クライムワークスがノーザンライツでDACを実施		シェル	トタルエナジーズ	BP	
	電力会社						エンジー	エーオン	エネル
日本	石油元売り			国内に有力プレーヤーなし			ENEOS		
	電力会社								
中国	石油・ガス								
	電力会社								
オーストラリア	電力会社（石炭火力）						AGLエナジー		
	電力会社（RE中心）					FMG	スタンウェル		APAグループ
南米	石油・ガス			米系プレーヤーが参入			YPF	（アルゼンチン）	
	電力会社								
	電力会社（RE）						AMD	（チリ）	
インド	石油・ガス						ONGC	GAIL	
	電力会社						NTPC	リライアンス	
ASEAN	石油・ガス						プルタミナ	ペトロナス	
	電力会社						HDF	サラワクエナジー	

れまで総合商社などが媒介役となりながらうまく対応してきたが、現在はCN燃料の分野ではプレーヤーが分散し、結果として推進力が生まれにくくなっている（**図4-3-3**）。また、DACのように日本には優良な技術を開発するプレーヤーがいない領域も存在する。

こうした中で、公的資金も含めた形でリスクマネー（高いリスクを

図4-3-3　CN燃料（合成燃料）にまつわる国別サプライチェーン[*4-3-1]
（出所：ADL）

覚悟で高リターンを狙う投資資金）を供給し当該事業の事業主体を形成していくことは、日本における将来のイノベーションエンジンになり得ると期待される。ただ、特に乗用車分野において電動化の動きが世界的に加速し、日本が強みとしてきたICEの開発が縮小の一途をたどっていることを考えると、CN燃料をCN化に向けた現実的な手段

として認知・普及させるのに残された時間は多くないともいえる。

このような課題認識の中で、グローバルなネットワークを持つ我々ADLとしても、CN燃料推進のグローバル活動と我が国の活動を連携させ、さらに政府と産業界の方針・方向性をそろえて新たな産業創出につなげていく取り組みを加速させる一助を担えればと考えている。

＊4-3-1　グローバルサーモスタットは米Global Thermostat、エクソンモービルは同Exxon Mobil、シェブロンは同Chevron、ネクステラ・エナジーは同NextEra Energy、ブルックフィールドはカナダBrookfield Asset Management、ボーイングは米Boeing、カミンズは同Cummins、クライムワークスはスイスClimeworks、ノーザンライツはノルウェーが手掛けるCCSプロジェクトNorthern Lights 、シェルは英Shell、トタルエナジーズはフランスTotalEnergies、BPは英BP、エアバスは欧州Airbus、アウディはドイツAudi、エンジーはフランスEngie、エーオンはドイツE.ON、エネルはイタリアEnel、東京電力は東京電力ホールディングス、シノペックは中国Sinopec、AGLエナジーはオーストラリアAGL Energy、FMGは同Fortescue Metals Group（フォーテスキュー・メタルズ・グループ）、スタンウェルは同Stanwell、APAグループは同APA Group、YPFはアルゼンチンFiscal Petroleum Fields、エレトロプラスはブラジル国営電力（Eletrobras）、AMDはチリAndes Mining＆Energy（アンデス・マイニング・アンド・エナジー）、ONGCはインドOil and Natural Gas Corporation（石油天然ガス公社）、GAILは同GAIL、NTPCは同NTPC、リライアンスは同Reliance Industries（リライアンス・インダストリーズ）、プルタミナはインドネシアPT Pertamina、ペトロナスはマレーシアPetroliam Nasional Berhad、PTTはタイPTT（タイ石油公社）、HDFはフランスHydrogene de France、サラワクエナジーはマレーシアSarawak Energy。

第**5**章

識者に聞く

水と空気から造る
合成燃料こそ脱炭素への鍵
日本は公社を設立し
国策として進めよ

有限会社入交昭一郎代表（ホンダ元副社長）

入交 昭一郎 氏

──カーボンニュートラル（炭素中立、CN）燃料に関連し、日本が抱えている課題と期待についてどう考えているか。

入交：日本は島国であり、経済の多くを貿易に頼っている。また、地理的条件からすべての電力を国内の自然エネルギー由来にするのは非常に難しい。CN燃料の確保は、日本の死活問題となっていくだろう。

　世界各地から原料を輸入し、日本から製品を輸出する。このプロセスは、船舶と航空機による輸送なしでは成り立たない。中国や米国、欧州など、生産地と消費地が陸続きの環境であれば、トラックや鉄道で輸送できる。省エネ化や電動化によって燃料消費を減らすことも可能だろう。しかし、船舶や航空機を電気で動かすことはとても難しい。日本はいくら省エネを進めても、燃料を無くすことは非常に困難である。

　加えて、欧州を中心に炭素税の導入が検討されている。日本製品に炭素税が課されれば、競争力が大きくそがれる。原材料を輸入する際も、燃料を使うので課税される。この状態を放置すれば、日本企業は世界のサプライチェーンに入れなくなる可能性が出てくる。海上輸送や空輸に使われる燃料をCN燃料に切り替えることは、日本にとって死活問題なのだ。期待というより、やるしかない段階に来ている。

　日本企業でも、CN燃料の研究は行っている。しかし、遅々として進んでいない。その最大の原因は、経済的な動機がないことである。民間企業が動くためには、動機が必要だ。CN燃料の開発を経済的に意味のあるものにしなければ、資金や人材を投入できない。将来的にCN燃料がビジネスになる保証がない中で、企業はその開発にかじを大きく切れない状況が続いている。

──この状況を打開するには、何が必要か。

入交：政府が将来の全体構想を示す必要がある。例えば、「2030年ご

有限会社入交昭一郎代表の入交 昭一郎氏
（写真：宮原一郎）

ろにCN燃料の大規模な生産を開始する」という目標を立て、そのためには5年、10年で何を実現しなければならないか、未来へ向けたロードマップを提示すべきである。それがあれば、企業は将来への投資が可能になる。

　欧米には、売上高が数十兆円にも達する巨大なエネルギー企業が幾つもある。民間企業が自力でCN燃料を開発し、ビジネス化できるパワーを有している。しかも、そのうちの4社は自動車レース「フォーミュラ1（F1）」のチームと結び付いている。

　2022年8月にF1では2026年から使用する燃料をCN燃料に限ると決定し、そのルールを公表した。また、その燃料がCN燃料であることを証明するために、2025年中に〔欧州連合（EU）の政策執行機関である〕欧州委員会の認定を受けなければならないと定めた。

この4社はマレーシアのPetroliam Nasional Berhad（Petronas、ペトロナス：メルセデスチーム）、米国系のExxon Mobil（エクソンモービル：レッドブルチーム）、英国のShell（シェル：フェラーリチーム）、同BP（ルノーチーム）だが、彼らは2026年にF1に参戦するために必要なCN燃料を、商業ベースで開発生産する必要に迫られ、経済合理性のある動機が存在するのだ。

　このまま開発が進めば、2026年はこの4社はすでに5年間の開発経験を有し、技術とノウハウで世界をリードしているわけだ。その時になって日本が慌てても手遅れである。

　この例を見ても、日本の企業は完全に蚊帳の外に置かれている。だからこそ、政府が全体構想を示す必要がある。大きな開発費を投じても、2030年から2050年にかけて回収できると分かれば、日本企業は動き出す。

——政府から全体構想が示されない中で、民間企業や業界団体が自発的に進めていくことは難しいのか。

入交：難しいというより、無理だろう。CN燃料の開発には、数千億円規模の投資が必要になるからである。

　近年、デジタルトランスフォーメーション（DX）とグリーントランスフォーメーション（GX）がビジネスの2大テーマとなっている。DXを強力に支援する組織として、デジタル庁ができた。ならば、「GX庁」をつくってもよいのではないか。

　この分野にはすでに資源エネルギー庁があるが、それだけではなく、未来にしっかりと目を向け、日本のGXを国家レベルでけん引できる組織が必要である。2030〜2050年には、GXを取り巻く環境は複雑化しているだろう。新しいエンジン、電気自動車（EV）、水素自動車、バイオマス燃料、大気中の二酸化炭素（CO_2）を直接分離・回

収する技術であるDAC（Direct Air Capture）によるCN燃料など、多種多様なものが乱立してくる。国家としてどの方向に絞るかを早く明示しなければ、無駄な投資が増え、混乱が生じるばかりだ。

バイオマス燃料では、将来のエネルギー課題を解決できない

——世界は合成燃料より先に、バイオマス燃料から始めようとしている。その問題点は、どこにあるのか。

入交：日本における今の最優先課題はSAF（Sustainable Aviation Fuel、持続可能な航空燃料）だとされる。多くの主要国・地域とは異なり、日本はSAFを造る企業を持たず、まさに待ったなしの状況だというのである。その念頭にあるのは、バイオマス燃料だ。

　しかし、バイオマス燃料には限界がある。原料に限りがあるからだ。農産物を得るには土地とエネルギーと労働力が必要であるから、無尽蔵に造り出すことはできない。また、前述したF1の場合でも「食物から造ってはいけない」「食物としての役割を終えた後のものは認める」「畑から直接原料を得ることは禁止」、あるいはカーボンリッチな土地、例えばシベリアの褐炭が採れるような地域の原料は使えないといった細かいルールがある。食料不足がグローバルな課題となる中で、バイオマス燃料のためだけに大量の農作物を生産することなど不可能だろう。

　もちろん、牛や豚のふんを原料に、安価なバイオマス燃料を造ることも可能である。しかし、年間でせいぜい数百万Lしか生産できないものを、いくら開発しても市場を混乱させるだけだ。バイオマス燃料では人類のエネルギー需要に応えることはできない。これはもう、厳然たる事実と認識すべきである。

――バイオマス燃料を開発しても、やがて生産量が限界を迎え、需要を満たせないことが分かっている。海上輸送や空輸の需要を考えると、日本は合成燃料へ進むしかないというのが、ロードマップのあるべき姿なのか。

入交：はい。バイオマス燃料の限界は見えており、各国による開発競争も激しくなっている。技術立国を自認する日本が国策として進めるのなら、バイオマスをスキップし、始めからDACによる合成燃料を目指すべきだと考える。

　私の提案は、国が合成燃料（e-fuel）を開発するための公社をつくって民間の技術を結集し、最短距離で実現を目指すことである（**図5-1-1**）。

　原料は水と空気だけ。それに自然エネルギー由来の電力を使う。水と空気から二酸化炭素、水素、窒素などを取り出し、アンモニアやメ

e-fuel製造会社構造図

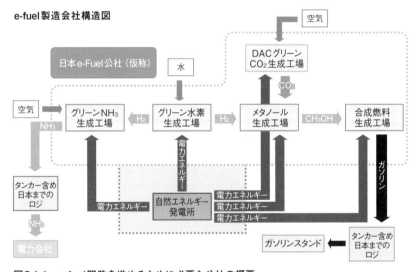

図5-1-1　e-fuel開発を進めるために必要な公社の概要
NH₃はアンモニア、H₂は水素、CH₃OHはメタノール、ロジはロジスティックのこと。（出所：入交昭一郎）

タノールを合成する。これには主に5つの要素技術が必要になるが、実はその多くの技術が日本にはある（**表5-1-1**）。

　この中で一番難しいのが、空気中から二酸化炭素を取り出すDACの技術だ。私たちは、このDACについて「空気冷凍サイクルを用いた二酸化炭素固定法」という技術を考案し、重工業メーカーに提案しているところである（**図5-1-2**）。

　この技術では、直径10mほどのモーター駆動のガスタービンを3基ほど使用する。圧縮比3.0くらいで空気を圧縮すると、温度が200度くらいまで上がる。それをいったん80度くらいに下げてからタービンで断熱膨張させると、温度は一気にマイナス100度前後まで下がり、二酸化炭素がドライアイスになる。それを回収すれば、空気中から大量の二酸化炭素を取り出せる。

　この技術は環境温度が低ければ低いほど効率的に冷凍できる。北極

	技術の有無	小規模製造工場	実装工場	大規模製造工場	備考
H_2製造 （水の電気分解）	○	○	○	×	・日本ではSIPプログラムで福島水素エネルギー研究フィールドに実証実験工場 ・三菱商事など海外投資
DAC （空気中のCO_2分離・回収）	（○）	（○）	（△）	×	・ほとんどがアミン系アルカリ物質へのCO_2吸収 ・大規模化は疑問
アンモニア生成 （N_2+H_2）	○	○	○	△	・旭化成、UBE、三井化学、レゾナック・ホールディングス、日産化学など ・中規模工場までの実績あり
メタノール生成 （CO_2+H_2）	○	○	○	△	・三菱ガス化学など ・中規模工場は実在
燃料合成 （メタノールより）	○	○	（△）	×	・MTG法の技術は存在 ・大規模工場は存在しない

表5-1-1　e-fuelの生産に必要な5つの要素技術
SIPは、内閣府の「戦略的イノベーション創造プログラム」のこと。MTGは、Methanol To Gasolineの略。N_2は窒素のこと。（出所：入交 昭一郎）

圏のような寒い地域に設置するのが望ましいといえる。

　最も難しいDAC以外では、コストはまだ高いものの技術は存在する。しかし、横の連携が取れておらず、また大規模に生産する技術の開発も進んでいない。これを、国がつくる。

　今、日本が消費しているガソリンの20分の1と、将来残る火力発電に必要なアンモニアの10分の1を造るだけでも、水素が年間350万t、二酸化炭素は550万t必要である。それに必要な水は、約3600m³／h。すなわちプール1杯分（オリンピックサイズの50mプールで水深2mの場合、約2500m³）を超える水を1時間で電気分解しなければならない。DACに至っては、1秒間に30万m³。つまり、巨大なジェットエンジンを300基並べるほどのパワーが必要になる。吸気口のサイズ

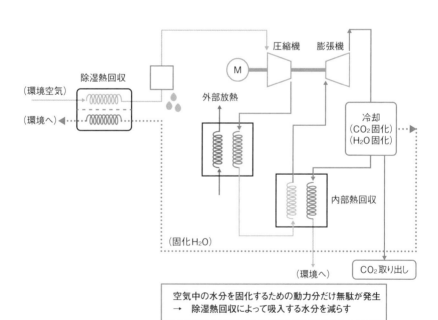

図5-1-2　空気冷凍サイクルを用いた二酸化炭素固定法の概要
Mはモーターのこと。（出所：入交 昭一郎）

はおそらく幅100×高さ20mほどになり、空気を秒速100mで吸い込む必要があるだろう。これを民間企業だけの力で開発できるだろうか。

　日本企業の総力を挙げて5つの要素技術を、大規模な生産を可能にする方向へ進化させていく必要がある。そのためには、各社が持つ技術を公社が1つに束ね、開発の方向性をまとめていくのがベストである。

——バイオマス燃料の開発は世界中で行われているが、年間せいぜい数百万Lのレベル。それに比べてDACによる合成燃料は、年間500万tという巨大なスケールで燃料を生産できる可能性があるわけで、そのために国が乗り出すべきだと考えるのか。

入交：はい。「バイオマスなど、外国にやらせておきなさい」というのが、私の率直な考えだ。どうせスケーラブルには生産できないのだから。日本はその先を目指す。原料は水と空気だけ。再生エネルギー由来の電力さえあれば、何百万tというレベルで日本が必要とする燃料を国産で製造できるのだ。しかも日本には、すでにその要素技術がある。今から始めれば、2030年前後には実現できるだろう。

　e-fuelは、人類が必要とするだけのグリーン燃料を生み出せる画期的な技術である。脱炭素化を全体として進める大きな鍵であり、日本に数多くの成果と利益をもたらす（**図5-1-3**）。世界に先駆け、日本がその突破口を開くのだ。

　問題はCN燃料のコストである。原料は水と空気だから越えるべきハードルはエネルギーコストになる。しかも、自然エネルギー由来でないとCN燃料とはいえない。

　残念ながら、コストの点で日本は圧倒的に不利だ。1kWh当たりのエネルギーコストは日本では10円を切るのが難しいと考えている。

一方、チリやオーストラリアなどでは1kWh当たりのエネルギーコストを3円くらいで実現できる可能性がある。海外で発電しその場でCN燃料を造るというのが理想である。簡単なシミュレーションの結果によれば、現在の燃料の30％アップくらいの価格でできるのではないかとみている。

　自動車用のガソリンだけでなく、船舶ディーゼル用の軽油やジェットエンジン用のケロシンも含め、あらゆる燃料がターゲットに入る。しっかりとしたビジョンを持ち、巨大なスケールで実現を目指すべきだ。

　また、これは日本の安全保障にもつながる重要な問題である。日本はこれまで、エネルギー資源を自前で持ったことがない。石炭も石油も天然ガスも、みんな輸入に頼っている。しかし、水と空気は無料であり、無尽蔵に存在する。問題は電気エネルギーだけ。1000万kWの電力を生み出すには、直径180mの風力発電が（大まかには）1000基必要だ。将来的には1万基を超えるだろう。これだけで、国内に風力

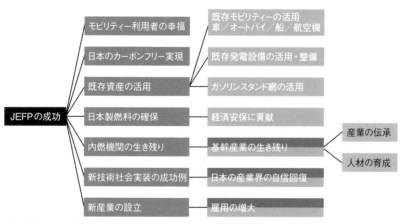

図5-1-3　e-fuelの成功が日本にもたらす数々の成果と利益
JEFPとは、「日本e-Fuel公社」（仮称）のこと。（出所：入交 昭一郎）

発電産業という新しい産業が誕生する。DACを用いた合成燃料の大量生産に成功すれば、日本の技術は日本のみならず、世界を救うことになるだろう。

「CN燃料があれば
内燃機関でもCNを目指せる
業界全体の協力で、開発効率
向上とスピード加速を」

ヤマハ発動機 取締役常務執行役員
技術研究・パワートレイン・車両開発領域管掌

丸山 平二 氏

——カーボンニュートラル（炭素中立、CN）への取り組みについて、どのように考えているか。

丸山：「すべてを電動化すればCNを実現できる」といった考えが、急速に広がっているようにみえる。しかし、現実はそれほど単純な話ではない。CNを目指す方法は多岐にわたり、ベストな方法は業界や商材によって異なる（**図5-2-1**）。同じ自動車でも、二輪車と四輪車では事情が異なる。

例えば、四輪車なら、現状のボディーサイズで必要十分なバッテリー搭載が可能であり、電気自動車（EV）は実現できる。また、ト

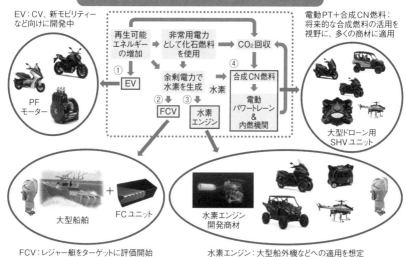

図5-2-1　ヤマハ発動機が想定しているCNに向けた実現技術とその適用分野
CVはコミュータービークル、PFはプラットフォーム、CO₂は二酸化炭素、PTはパワートレーン、SHVはシリーズハイブリッド、FCは燃料電池のこと。（出所：日本自動車工業会の図を基にヤマハ発動機が追加）

ヨタ自動車やホンダが発売しているような燃料電池車（FCV）やハイブリッド車（HEV）、プラグインハイブリッド車（PHEV）、さらには開発途上の水素エンジン車など、CNを実現する方法は多数ある。そうした選択肢の中から、国や地域ごとに最適なものを検討していると思う。

しかし、当社は二輪車からプレジャーボート、舶用エンジン（船外機）、無人ヘリコプターなど、多種多様な製品を製造しており、製品ごとに事情や環境が大きく異なる。成立する技術としない技術があり、より幅広く検討していかないと、商材を維持できない。

現状では、小型のモビリティーにおいてコストや航続距離、サイズや質量などの課題を完璧に解決できる技術はない。もちろん有望な技術は幾つかあるが、それを適用すると、従来とは全く違う乗り物になってしまうという難しさもある。

また、製品開発の課題だけではなく、販売先の国や地域ごとの特性やエネルギーミックスの状況も勘案する必要がある。

例えば、欧州のように先進国が多く、再生可能エネルギー（RE）化が進んでいる地域では、電動化の戦略が奏功すると思う。しかし、東南アジア諸国連合（ASEAN）諸国やインドのように、電力の多くをまだ化石燃料に頼っている地域では、電動化だけでCNを実現することはできない。日本も電力系のエネルギーミックスのCN化が進んでいないため、電動化以外の方法を検討していく必要があると考えている。

――ヤマハ発動機ではCN燃料を利用した新たなエンジンの開発に力を入れている。合成燃料に対して、どのような期待を持っているのか。
丸山：期待できるポイントは、大きく2つあると思っている。1つ目は、従来の燃料と同じ液体だという点である。液体であれば、ガソリンスタンドや輸送・貯蓄設備など、現在のインフラをほぼそのまま活

ヤマハ発動機取締役常務執行役員の丸山平二氏
（写真：水川尚由）

用できる。合成燃料の製造技術も急速に進化しており、軽油やガソリンに近い燃料を造れることが分かっている。従来の技術とインフラをうまく生かしながらCNの課題を解決できる、優れた選択肢だと思う。

　2つ目のポイントは、他の燃料と混ぜて使える点である。合成燃料のコストがまだ高いうちは、現行の燃料に10％や20％という形で配合する。大量生産によるコスト効果をうまく生かしながら、徐々に配合比率を増やしていけば、最終的にCNの目標を達成できる。

　合成燃料の弱点は、何といってもコストだ。原料のグリーン水素は製造費が高く、運搬や貯蔵に手間とコストがかかる。ただし、水素を合成燃料に加工して常温で液体化すれば運搬や貯蔵は容易になる、量産化を進めることでコスト低減を図ることも可能だ。合成燃料は現在の燃料に最も近く、比較的早く効果を出しやすい方法だと考えている。

——合成燃料の課題の中で、特に大きいと感じている点は何か。

丸山：合成燃料を造る基礎技術はすでにある。最大の課題は、将来的に安定した需要を担保し、元売り事業者であるエネルギー業界が安心して技術や設備の開発に投資できる環境をつくれるかどうかである。

近年、世間的にはEVが盛り上がり、EV主流の論調が市場や消費者を席巻している。その中で、業界として合成燃料を前面に押し出していけるかどうか。世の中の支持を得られるかどうかがポイントになるだろう。

航空機の世界では、SAF（Sustainable Aviation Fuel、持続可能な航空燃料）としてバイオ燃料へのかじが明確に切られている。旅客機ほどの大きさになると、ほかに対応策が見いだせないという話である。しかし、それ以外の陸上や海上のモビリティーの場合はどうなるのか。今がちょうどその転換点にあるように感じている。

難しいのは「趣味財」としての大型二輪
電動化よりCN燃料に期待

——四輪車については各国の法規制が先行し、既存の内燃機関車を市場から排除する動きが広がりつつある。しかし、二輪車を含むその他のモビリティーについては、まだそうした状況にはない。ヤマハ発動機では2050年に個社としてCNを実現すると発表している。技術開発をどのように進める考えか。

丸山：日本自動車工業会の中で、同じ課題を抱えるホンダやスズキ、川崎重工業の方々などとよく話をする機会があるが、二輪車で特に悩ましいのは、大型車だ。

小型車は生活や仕事に使われることが多く、走りの感触や航続距離が変化しても大きな問題にはなりにくい。しかし、大型二輪車は「趣

味財」としての側面が大きく、走りの魅力が損なわれると商品力に大きく影響する。電動化はもちろん可能だが、大きく重くなってしまうと困る。

CNを実現しつつ、大型二輪車の楽しさと機動性を維持しようとすれば、電動化ではなくCN燃料という選択肢が有力になる。これは、各社が様々なトライアルを行う中で、すでに明らかになってきている事実である。また、船舶についても同様のことがいえる。例えば、外洋に出るような大型レジャー船の居住空間を大容量の重いバッテリーによって占領してしまえば、製品の魅力を大きく損ねてしまう。現実的な策としては、燃料電池を使うか液体系のバイオ燃料や合成燃料を使うという話になる。

このように、技術的な観点からは解答が出つつある。あとは市場にどうアピールし、理解してもらうかである。政府には、エネルギーミックスをどう考えているのか、モビリティー業界だけでなく、国全体の施策として検討する場をつくってもらうことを期待している。

欧州は、おそらく最初からエネルギーミックスで考えている。今はEVを強く押し出して要素技術を磨いているが、その一方で、余った電気を水素にして蓄えたり、社会インフラに水素を活用したりするなど、社会全体のCNを視野に入れたエネルギーミックスを進めている。そろそろ「EV以外にも方法はある」と言い出すのではないだろうか。欧州連合（EU）からEV化を強く要請されている欧州以外のメーカーからすれば、それこそ手のひら返しに思えるかもしれない。しかし、彼らの中では想定内の話だと思う。その時期が近づいてきていることを、日本政府にも認識してもらいたいと願っている。

――世界的な自動車レースの「フォーミュラワン（F1）」は、2026年から合成燃料（e-fuel）を導入する。レギュレーションもすでに決まり、4

社体制で進めていく計画だ。この動きは、1つの分岐点になり得るのか。

丸山：自動車レースは、モビリティーがもたらす趣味性という観点からは究極の位置にある。エンターテインメントとしての魅力を維持しながら、CNを目指す手法として合成燃料という結論にたどり着いたのだと思う。

　あのようなメジャーなレースで合成燃料が使われれば、世の中に広まるきっかけになるだろう。合成燃料が世界的な認知を得る転換点になることは、間違いない。F1のレギュレーションをベースに、市販向け合成燃料の規格が検討される可能性も大いにあると思う。

——ヤマハ発動機は売り上げの9割以上を海外で上げているグローバル企業である。国や地域ごとにエネルギーミックスが異なり、CNの解決手段も違ってくるとなれば、ビジネスはこれまで以上に難しくなっていくのか。

丸山：そうだ。まず各国政府のCN政策をしっかりと把握することが重要である。内燃機関を全部やめてEVにするといった極端な話をする前に、まずは国や地域によってエネルギーミックスがどれくらい違うのか、何がベストな方法なのかをよく検討すべきだ。各国の政府や業界、市場と歩調を合わせて進めていく必要がある。

日本の強みであるエンジン技術
主要4メーカーの協力体制で生かす

——エンジン技術は日本の強みだと思う。これを未来へ残そうと考えたとき、合成燃料にはどのような意義があるか。

丸山：エンジン技術を今後も生かしていくうえで、合成燃料の意義は大きいと考える。中国も品質の高い自動車を造るようになってきてい

るとはいえ、エンジン技術の面ではまだ日本の後じんを拝している。エンジンはきわめて複雑な機構であり、流体工学、熱工学、構造力学など、機械工学のあらゆる要素が凝縮されたノウハウの塊だからだ。

　せっかくそうした強みを持っているのに、自ら早々に捨てて新しい方向へ進むという選択はばかげている。持っている技術資源を最大限に生かしながら、CNへの取り組みを進めていくべきだ。CN燃料を使えば、内燃機関でもCNを目指せる。それは日本に残された大きな可能性であり、チャンスだ。もちろん、ことさらに内燃機関に固執するつもりはないが、今すぐ要らない技術だと判断するのも早計に過ぎると思う。

　民間企業としては、内燃機関に従来と同じ開発リソースを割り当てつつ、電動化の技術開発を進めることは困難である。内燃機関のほうはプラットフォームや周辺開発を減らすなどして開発効率を上げ、限られたリソースを新しい領域へうまくシフトさせていく必要がある。

——競争領域と協調領域を分け、業界として協力し合える部分はあるのか。

丸山：ある。例えば、いま水素を燃料とする内燃機関に関しては、二輪車の主要4メーカーで協力し、基礎的な開発や検証を共同で進めようとしている。今後、合成燃料の使用に関しても、多くの検討や検証が必要になると思われるが、必要な開発とテストを各社で分担し、協力していけば、開発負荷は軽くなりスピードも上がる。こうした横の連携は、今後の大きなテーマになっていくだろう。

——エネルギー業界が合成燃料の量産を前倒しで進めるとしたら、ヤマハ発動機のようなユーザー企業も協力することは可能か。

丸山：もちろんである。両者の協力は必須だ。合成燃料は不純物を含まないので、石油から精製して造る燃料とは性質がかなり異なるとみ

ている。例えば、石油由来の燃料に含まれる微量の不純物は、エンジン内で潤滑剤のような役割を果たしていたりもする。その微妙な差異が、10年以上の長期で使った場合に内燃機関にどのような影響をもたらすのか、よく調べなければならない。メーカーとユーザーが協力して実証実験を進める必要がある。当社は、小型バイク向けの50ccのエンジンから5000ccを超える自動車用や船外機用のエンジンまで多様な商材を展開している実績があり、シンプルな構造のエンジンから筒内噴射や過給技術などの最新技術まで技術の幅の広さがあるので、様々な評価に協力できると考えている。

――合成燃料にはコスト的な課題があるが、価格がどれくらい下がれば普及すると考えるか。

丸山：シェールガスの登場によって石油の需給環境が大きく変わってしまったが、それ以前の段階では、（合成燃料は）1L当たり200〜250円がユーザー許容の上限だといわれていた。燃料の価格には税制の影響も大きいので、各国政府の施策にも依存する。

どのような状況になるにせよ、エンドユーザーが納得できる価格でなければ市場に受け入れられない。需給関係の安定を目指すためには、ユーザー視点でCNへの貢献度が可視化されるとよいと思う。前述のように合成燃料の場合はバイオ燃料と同様に従来の燃料に混ぜて使うことができる。そうすることで、燃料の価格上昇を抑えながら、既存の車両の使用過程における二酸化炭素（CO_2）排出量を減らしていける。

EVがよいのか合成燃料がよいのか、その違いが肌で分かるようになれば、ユーザーの納得性も高まる。行政としても、税制の検討材料がクリアになるのではないだろうか。現状ではそれが見えないため、政府、市場、メーカーの意思が統一されていないように感じる。

CNを実現しつつ、新しいパワーソースで
モビリティーの可能性を模索

──海外の二輪車業界には、どのような動きが見られるか。

丸山：イタリアのDucati Motor Holding（ドゥカティ・モーター・ホールディング）は、二輪車の世界的な自動車レース「FIM（国際モーターサイクリズム連盟）ロードレース世界選手権」（MotoGP）と併催の電動バイクレース「FIM Enel MotoE世界選手権」に車両を提供している。また、ドイツのBMWも積極的に電動バイクを開発し、市販化している。

こうした新たな動きをCNの土俵で捉えていくことはもちろん重要だが、それによってモビリティーに新たな可能性が生まれる点にも注目したいと思う。欧州メーカーは、電動化によってモビリティーが持つ趣味財としての可能性を追求しようとしているように見えるからだ。これは、私たちも見習うべきだろう。

CNの実現だけでなく、せっかく新しいパワーソースが出てきたのだから、それを使って新たな乗り物が造れないか、積極的に考えていくべきである。そうしなければ、商品化が可能になったとき、市場競争で負けてしまうことにもなりかねない。食わず嫌いにならないよう、注意していきたいと思う。

趣味財としての商品価値というものは、効率性や便利さとは少し違うところにある。単純にスペックや性能だけでは決まらない面があるのだ。EVに試乗して「滑らかさと静かさが好きだ」という人もいれば、「エンジン音や振動がなくて寂しい」という人もいる。私たちはCO_2の排出量を減らしながら、より楽しく魅力的な乗り物を生み出していく必要がある。競合関係にあっても、その思いは同じだと思う。

「2022年9月に合成燃料の協議会を始動、商用化へ加速 内燃機関でトップ水準の日本が「負けるわけにはいかない」

経済産業省 資源エネルギー庁 資源・燃料部長

定光 裕樹 氏

──カーボンニュートラル（炭素中立、CN））燃料の将来について、どのように考えているか。

定光：2050年のCN実現は、プライオリティーの高い課題だと認識している。そのためには、電化できるところは電化を進め、電気に置き換えられない部分にバイオ燃料や合成燃料（e-fuel）などを含むCN燃料を使っていく必要がある。航空機や船舶、大型トレーラーなど、規模の大きい長距離輸送を電化することは、エネルギー密度の観点から困難だ。そうした分野において、CN燃料のような選択肢が重要になっていくだろう。

　内燃機関とその周辺の技術において、日本は世界でもトップ水準にある。そこに安住すべきではないが、日本はCNの実現に向けてその技術とノウハウを積極的に活用していくべきだ。またCN燃料は液体なので、すでに整備されている石油プラントや貯蔵タンク、ガソリンスタンドといったインフラを生かしていくことができる。新たなインフラへの投資負担が軽減され、CNへ向けた取り組みを有利に進められるだろう。経済産業省としても、CN燃料はCNの実現に欠かせない重要な要素だと考えている。

──CN燃料の有力候補とされている合成燃料の技術をこの日本で開発し、商用化していくには、どのような支援や取り組みが必要か。

定光：合成燃料の商用化に向けた最大の課題は、コストだ。現状の生産技術では、従来の燃料の数倍のコストがかかる。生産コストを下げ、必要な量を安定的に供給できる技術を確立する必要がある。経済産業省は2兆円のグリーンイノベーション基金を活用し、その技術開発を支援している。

　加えて、より多くの人に合成燃料への関心を持ってもらう必要がある。そのため、2022年9月に「合成燃料（e-fuel）の導入促進に向け

合成燃料官民協議会

- 合成燃料の導入促進に向けた総合的な検討
- 各WGにおける検討のとりまとめ
- 政府関係機関などへの報告・提言

商用化推進WG

- モビリティー分野（自動車・航空機・船舶）を中心とした合成燃料の商用化に向けたロードマップの策定、サプライチェーン構築の検討・実証
- モビリティー分野以外における合成燃料の導入可能性の検討
- 合成燃料の導入促進に向けた広報活動　など

環境整備WG

- CO_2削減効果を評価する仕組みの整備
- 合成燃料の導入促進につながる枠組み（GXリーグなど）の活用
- 国際的な認知度向上　など

構成員

【供給】
・製造（石油連盟）
・流通（全国石油商業組合連合会）

【需要】
・自動車（日本自動車工業会）
・航空機（定期航空協会）
・船舶〔日本内航海運組合総連合会（内航船）、日本船主協会（外航船）〕
など

【研究機関、有識者、政府】
・経済産業省（事務局）、国土交通省、環境省
・NEDO、産業技術総合研究所
など

図5-3-1　合成燃料官民協議会の構成
WGはワーキンググループ、CO_2は二酸化炭素のこと。GXリーグは、「GX（グリーントランスフォーメーション）に積極的に取り組む『企業群』が、官・学・金（融）でGXに向けた挑戦を行うプレーヤーと共に、一体として経済社会システム全体の変革のための議論と新たな市場の創造のための実践を行う場」（経済産業省）。NEDOは新エネルギー・産業技術総合開発機構のこと。（出所：資源エネルギー庁）

た官民協議会」を立ち上げた（**図5-3-1**）。国土交通省、環境省、石油業界、自動車業界、航空業界、船舶業界、全国石油商業組合連合会などの有識者に参加してもらい、技術開発や市場の立ち上げに向けた多角的な議論を進めている。

合成燃料は研究開発の段階にあり、商用化にはまだ時間がかかる。すぐにできるといった過剰な期待を抱いても現実的ではないが、どこまでコストが下がるか5～10年かけて総力戦で挑むべきだ。まずは供給側と需要側が合成燃料の課題を共有し、実現に向けて共通した認識を持つことが大切だ。そのためのロードマップも検討している（**図5-3-2**）。

合成燃料の早期実用化・商用化に向けた取り組み

● GI基金などにより、大規模かつ高効率な製造プロセスの開発を支援。2030年までの大規模製造プロセスの実証を目指している。

〈GI基金プロジェクトにおける研究開発内容〉

〈合成燃料の推進目標〉

図5-3-2 「合成燃料（e-fuel）の導入促進に向けた官民協議会」の取り組み
GIはグリーンイノベーション、H_2は水素、COは一酸化炭素、FTはフィッシャー・トロプシュ、C_nH_{2n+2}（nは自然数）は炭化水素、BPDは1日当たりのバレル数（バレル・パー・デイ）のこと。（出所：「グリーン成長戦略」を資源エネルギー庁が一部加工）

まずは航空燃料から実用化
船舶や自動車への応用も

——合成燃料の実用化は、どのように進んでいくと考えているか。

定光：合成燃料が最も早く実用化されるのは、おそらく航空燃料の分野だろう。これは世界的な潮流にもなりつつある。国際民間航空機関（ICAO）は、国際航空分野において2050年までに二酸化炭素（CO_2）の排出を実質ゼロにする長期目標を採択し、SAF（Sustainable Aviation Fuel、持続可能な航空燃料）の採用に向けた取り組みを進めている。当面はバイオマス燃料や廃食油などを活用していく計画だ

経済産業省資源エネルギー庁資源・燃料部長の定光裕樹氏
（写真：宮原一郎）

が、それらはすでに資源量としての限界が見えている。世界中で燃料の奪い合いになれば、市場価格の高騰も懸念される。資源の枯渇に対応していくためには、どこかのタイミングで合成燃料を実用化していく必要がある。それが、この分野で合成燃料が最初に動き出すと考える主な理由だ。

　合成燃料の一般的な製法であるFT（Fischer Tropsch、フィッシャー・トロプシュ）合成では、ジェット燃料を生産すれば、一定の割合で軽油やガソリンなどの燃料も生産される。このため、航空燃料が牽引役となって、合成燃料の量産技術が確立され、市場が拡大していけば、航空機に加えて、大型トラックなど軽油を代替する分野や、ガソリン車にも波及する。日本政府は2035年の段階で100％の電動自動車化を宣言しているが、具体的にはハイブリッド車（HEV）や

プラグインハイブリッド車（PHEV）も含まれている。その中で、合成燃料が使われていく可能性が高い。

　また、モータースポーツの世界では、いち早く合成燃料の採用が始まっている。これは実証的な見地から大きな意義がある。世界の注目が集まる舞台で先進的な取り組みを続けていけば、合成燃料の認知が広がり、実用化にも弾みがつくだろう。

　個社のレベルでも、すでに合成燃料の活用を打ち出している企業がある。例えば、通販大手の米Amazon.com（アマゾン・ドット・コム）だ。同社は米国のe-fuelメーカーに出資し、そこから供給される合成燃料を、商品の配送に用いる自動車の燃料として実証的に使っていくと発表した。同社以外にも、物流業界を中心に合成燃料を選択する流れが進むと考えられる。

　企業が環境対策への姿勢をアピールする手段として、合成燃料に注目する事例は今後も増えていくはずだ。最初はコストが高くても、企業イメージへの投資と考えれば元は取れると考える企業は少なくないだろう。

合成燃料は世界的な潮流へ
国際間の連携も重要に

――欧州を中心に、合成燃料の実用化に向けた各国の取り組みが加速している。政策面での海外との連携については、どのように考えるか。

定光：合成燃料を世界的に普及させていくには、国際的な連携が不可欠だ。まずは、合成燃料に関する国際的な認知を広げるための協力が考えられる。燃料の利用国ではCO_2は排出されるが、生産国で回収されたCO_2を使うので、「全体で見ればCNな燃料」としての取り扱いを国際的にも確立していく必要がある。

　日本では協議会が立ち上がったばかりで、まだグローバルな協力までには至っていない。できるだけ早い段階で、国際的な連携を模索していきたい。欧州だけでなく、日本と同様の悩みを抱えるアジア各国とも協調していく必要があるだろう。

　一方、中東各国も燃料の多角化を模索しており、すでに再生可能エネルギー（RE）につながる独自の技術や資源を保有している国もある。その中には、合成燃料も含まれる。欧州、中東、アジアの各国と連携することで、多国間での協力が可能になり、より多様なビジネスモデルが考案されていくだろう。

　また、国際エネルギー機関（International Energy Agency、IEA）との連携も重要だ。2023年4月には「G7札幌気候・エネルギー・環境大臣会合」が行われる（インタビューは同年3月）。合成燃料の国際的な認知を高めるチャンスとして生かしたい考えだ。

──民間レベルの企業間の連携については、どのように考えるか。
定光：国内の事例としては、まずENEOSが主導している合成燃料の研究開発がある。これを着実に進め、具体的な成果につなげてもらうことを期待している。

　CNの実現まで、残された時間は多くない。合成燃料の研究開発と商用化を加速するには、オールジャパンとして取り組む必要がある。ENEOS以外の石油会社にも積極的に参加してもらい、認知度向上と事業化を加速させてほしい。また、合成燃料を生産する企業と、それを利用するユーザー企業の間の連携や協力にも期待している。

　米国や欧州には様々なスタートアップ企業が生まれており、合成燃料の実用化を目指す動きが活発化している。日本より野心的な目標を掲げている企業もある。この分野の技術開発に関して、日本が負けるわけにはいかない。日本企業が技術開発の中心に立ち、様々なネット

ワークを生かしながら実用化に向けて迅速に開発してもらいたいと願っている。行政としても、それを全面的にバックアップしていく。

　国としては、合成燃料の商用化のターゲットを2040年に置いている。しかし、すでに「それでは遅すぎる」といった指摘を各方面からもらっており、ターゲットを少しでも前倒しするための議論を進めている。

――航空機や船舶など、大型のモビリティーでは合成燃料が生かされていく半面、自動車や二輪車のような小型モビリティーでは電動化が中心となり、内燃機関が消滅するのではないかと懸念する向きもある。

定光：2035年に向け、ガソリン車から電動車への切り替えを検討している国が多いのは事実だ。とはいえ2035年以降、ガソリン車やディーゼル車が世の中から消えて無くなるというわけではない。中古車としても相当数が残ると考えられており、内燃機関が消滅するような事態は考えにくい。

　また日本のみならず、アジア・新興国を含む大きな市場で見れば、液体燃料をクリーンに使っていきたいという需要がかなり根強くある。先ほど、SAFの用途が最も有力視されていると述べたが、その技術が自動車の分野に応用されていく可能性は極めて高い。

　合成燃料は輸送や貯蔵に既存のインフラを生かせるため、大きな期待を集めている。政府は官民協議会でロードマップやビジネスモデルの検討を進め、認知度の向上に取り組む一方、（2023年度からの）10年間で20兆円規模の「GX経済移行債」（GXはグリーントランスフォーメーションの略）という新たな国債を発行し、それを財源にCNへ向けた企業の投資を支援しようとしている。合成燃料もその対象になると想定されている。

　米国や欧州各国の政府も相次いで大規模な支援策を打ち出してお

り、この動きは1つのニューノーマル（新常態）と考える段階に入っている。合成燃料や水素を中心とする新たな巨大産業が、グローバルな規模で立ち上がりつつある。国際間の新たな産業競争も、すでに始まっている。日本が立ち遅れることがないよう、政府による支援策も常にバージョンアップを続けていく。

第4節

「合成燃料は特効薬ではない
だが、地球全体を救う
助けになる」

eFuel Alliance（イーフューエル・アライアンス、事務局は欧州）
Head of Strategy and Content（戦略・コンテンツ責任者）

Tobias Block（トビアス・ブロック）氏

――イーフューエル・アライアンスの背景と目的について教えてほしい。

ブロック：イーフューエル・アライアンスは合成燃料のバリューチェーン全体の利益を代表する現在170社のメンバー企業から成る組織である。バリューチェーン全体をカバーしている点が特徴だ。これにより、再生可能エネルギー（RE）事業者、プラント装置メーカー、水素製造会社、石油会社、物流会社、自動車・バン・トラックメーカー、充填施設運営会社、そして顧客の声を結集している。

　また、合成燃料は、航空輸送、海上輸送、陸運、化学工業、エネルギー貯蔵、暖房などの応用分野に適用できる可能性があり、運輸・暖房市場におけるセクター別気候目標の達成に貢献する重要な技術といえる。合成燃料の実用化を促進し、それを利用することで、欧州とその周辺地域において、産業の継続的な維持と安全なサプライチェーンの確保、手ごろな価格による移動と熱供給の強化が可能となり、今後もそれらが保証される可能性がある。

――イーフューエル・アライアンスの現在の主な活動内容は何か。

ブロック：我々の使命は、合成燃料の可能性と潜在的なポテンシャルを示すことだ。そのため、RE事業者や化学プラント業者、水素や燃料の生産者、流通事業者、自動車メーカー、インフラプロバイダーの声を統合して発信している。我々は、こうしたプレーヤーの声に政治的な重みを与え、関連する専門家の知識を事前に政治分野に伝え、影響力を与えることを目的にしている。主な活動としては、欧州の法規制に重点を置いている。「欧州グリーンディール」政策は、温暖化ガスの排出量削減のために関連するすべての規制を見直すものであり、合成燃料の技術を拡大するための投資を促し、規模拡大を可能にする政治的枠組みを得るまたとない機会である。

イーフューエル・アライアンス戦略・コンテンツ
責任者のトビアス・ブロック氏
（写真：eFuel Alliance）

――イーフューエル・アライアンスは自動車業界をターゲットにして
いると理解しているが、これは正しいか。

ブロック：我々は、将来的に合成燃料が使用される可能性のあるすべ
ての応用分野に取り組んでいる。自動車産業はもちろん、大型車（陸
運）、物流、海運、航空など、運輸セクター全体の代表として取り組
んでいる。さらに、メタノールやアンモニアなどの化学工業における
合成燃料や、長期的なエネルギー貯蔵ソリューションとしての合成メ
タンなども対象に含む。

　しかし、合成燃料の製造技術を進化させ、サプライチェーンを確立
させるためには、それを利用する運輸部門だけでなく、特にRE事業
者や、水素製造事業者およびその派生品の事業者が大きく関係してく
る。我々は自らを横断的な連盟と捉え、多様な気候変動問題に多面的
に取り組んでいる。

——合成燃料の自動車以外の用途への適用可能性はあるか。

ブロック：あらゆる分野で電動化が迅速に、簡単にできるわけではない。用途によっては、搭載する電池が重過ぎる、効率が悪過ぎる、効果的でないといったこともある。重い荷物を長距離輸送しなければならない、あるいは長距離しか輸送できないといった分野では、液体燃料や気体燃料の使用に勝るものはない。これらの分野には、特に海運と航空輸送が含まれ、大型車による長距離輸送も、液体燃料でなければ効率的かつ費用対効果の高い輸送を行うことはできない。

　欧州の海運は、欧州連合（EU）域外との貿易の75％、EU域内貿易の31％を占めている。毎年、約4億人の乗客がEUの港を利用し、そのうち1400万人がクルーズ船に乗っている。国際海事機関（IMO）によると、2019年に世界で消費された船舶用燃料は約2億1000万tで、年間の温暖化ガス排出量の約2％を占める。

　一方、海運部門はこれまでほとんど規制されていない部門だと考えられてきた。このため、2030年の温暖化ガスを1990年比で少なくとも55％削減するとした政策パッケージ「Fit for 55」の下では、EUの規制アプローチは歓迎される。

　しかし、現在議論されているように、2030年までに化石燃料を代替し、投資を誘発するには、目標レベルが低過ぎる。新たな投資にインセンティブを与えるためには、目標レベルを引き上げ、合成燃料のような先進技術に関する最低シェアを盛り込む必要がある。

　航空分野での展開も同様である。ジェット燃料供給会社はEUの500の空港において、2025年に少なくとも2％のSAF（Sustainable Aviation Fuel、持続可能な航空燃料）の混合を保証しなければならない。SAFとは、廃棄物や残さを原料とする高度なバイオ燃料と定義されている。2030年には、混合の割当量は5％に増加し、合成燃料については、少なくとも0.7％のジェット燃料への混合が求められる。

2050年には、同割当量はさらに増え、SAF63％、合成燃料28％以上となる。繰り返しになるが、現在の割当量は野心的なレベルのものではない。2050年に航空分野でCNを達成するには、「ReFuelEU Aviation」規則においてより野心的な割当量が必要となる。また、航空分野はグローバルな業界であり、競争力を世界的に維持する必要があることも重要だ。

　EUで陸上輸送される全商品の73％は、大型車によって運ばれている。このため、大型車による陸上輸送は欧州貿易の弾力性と繁栄の重要な要素である。大型車による陸上輸送は、道路を使った輸送全体の二酸化炭素（CO_2）排出量の27％、欧州全体の排出量の5％を占めている。従って、EUは大型車による陸上輸送における合成燃料の使用を、CO_2排出量削減のためのもう1つの技術的解決策として検討することが望ましい。REが特に安価な場所で適切に生産規模を拡大すれば、2030年までに1L当たり1～2ユーロ（1ユーロ＝140円換算で140～280円）の生産価格を達成できる。初期のプロジェクト（例えばチリの「Haru Oni」プロジェクト）では、1.5ユーロ（同210円）／Lの価格が可能であるとする。

──e-fuelと呼ぶ合成燃料として想定される主な燃料はどのようなものか。

ブロック：e-fuelは、再生可能な電気、水、CO_2を使用して製造される合成燃料の一種で、軽油、ガソリン、ケロシン（航空燃料）、メタノールなど、さまざまな燃料を製造することができる。製造される燃料の種類は、特に合成工程に依存し、例えばメタノール合成におけるメタノールのように、ある種の合成燃料は直接生産できる。

　軽油の合成燃料「e-diesel」とガソリンの合成燃料「e-gasoline」は、SAFを造る過程で、フィッシャー・トロプシュ（FT）合成の副産物

として生産できる。我々の政治的提言には、すべての持続可能な再生可能燃料が含まれている。より高い目標レベルや欧州のエネルギー税制改正を求める場合、先進的なバイオ燃料などについても議論することになるだろう。

——合成燃料の普及に向けた課題は何か。

ブロック：イデオロギーに基づく政治的な議論を除けば、現在の課題は財政的なものだ。欧州に目を向けると、長い間、水素とその誘導体を持続可能な形で製造するための明確な枠組みがなかった。その結果、投資や（事業）計画の安全性を確保することができていない。合成燃料の開発と市場立ち上げに投資する企業のインセンティブをさらに高める必要がある。

　加えて、政党の対立が合成燃料の普及を妨げている。一般的な議論では、乗用車における合成燃料の使用に焦点が当てられ、既存燃料の脱炭素化の可能性が否定されがちである。しかし、FT合成を使った航空輸送用合成燃料の生産に向けての投資は、副産物としてガソリンやディーゼル燃料（軽油）の合成燃料であるe-gasolineやe-dieselを生み、車両の燃料に混合できることを軽視してはいけない。このようなアプローチにより、さまざまな輸送分野で並行してCO_2排出量を大幅に削減できる。

　電動化と合成燃料のどちらがより良いかといった政治的な議論ではなく、大気中から直接CO_2を回収し利用するDAC（Direct Air Capture）や逆シフト反応のスケールアップといった技術的な課題にもっと焦点を当てたいと考えている。地球温暖化対策には、あらゆるソリューションが必要なためだ。

——課題に対する技術的・政治的解決策を教えてほしい。

ブロック：合成燃料を実現するための技術的なハードルは、REに対応するための生産能力の確保だ。電解槽や燃料の合成・精製など、その他の必要な技術は既に存在している。単一の技術プロセスの一部は、いまだ商用規模では利用できないが、既存のインフラに変更は必要なく、合成燃料は従来の技術を使いながら適用できる。このため、これまでのエンジンに対し合成燃料をすぐに使用することが可能だ。

　政治的には、現在のハードルは様々な方法で対処することができる。欧州レベルで最も大きな力を発揮するのは、「再生可能エネルギー指令（RED）」に基づく「委任行為（DA）」27条と28条、そしてEU域内排出量取引制度（ETS）となる。

　これらの委任行為は、非生物起源の再生可能燃料（RFNBO）の製造に関する詳細な規則を定めている。RFNBOには、再生可能な水素と水素由来のカーボンニュートラル（炭素中立、CN）な合成燃料の両方が含まれる。この分野では、経済の要求に応える実用的なソリューションが緊急に必要になっている。しかし、これまでのところ、委任行為の解釈は、水素の普及を不必要に複雑にしている。

　EUのRED改正案（RED III）が救済策を提供する可能性がある。これはすでに議会、理事会、欧州委員会の間で最終的な三者協議の段階に入っている。EUの立場に沿った野心的な合意を含む適切なパッケージは、ここでの目標実現に向けた解決策となるだろう。REDにおける液体または気体のRFNBOの割当量を5％とするだけで、最大60GWの電解槽容量に対する需要が生じる。これは、フルロードで年間約4000時間に当たる250TWhのエネルギーに相当し、ディーゼル燃料換算で約250億Lとなる。製造コストを1L当たり約1.5ユーロ（同210円）と仮定すると、375億ユーロ（同5兆2500億円）程度の市場が形成される。

　EUのネットゼロ産業計画では全く無視されている、持続可能な新

エネルギーや新技術を促進する最大の手段の1つが、「エネルギー課税指令（ETD）」の改正だ。現在の欧州委員会の提案は、個々のエネルギー源の税率をそのエネルギー含有量や環境性能に応じて調整するという、正しい方向性を示している。現行の税制では、従来の化石燃料とCNな再生可能燃料の扱いが同等であるため、調整の必要性は大きい。そのため、化石燃料の代替となる持続可能な代替燃料の生産に向けたインセンティブや投資は、依然として存在しない。こうした技術の市場投入を効果的に促進するためには、欧州委員会が提案しているように、合成燃料、再生可能電力、高度バイオ燃料などの気候変動に影響しないエネルギー源に対する低税率をEU全域で適用することが理想だ。しかし、残念ながら、税制には欧州理事会での全会一致が必要で、これまでのところ、加盟国は合意を見いだすことができなかった。

――合成燃料が電動化や燃料電池車（FCV）化より優れている理由、および合成燃料の他のCN化技術と異なる使用方法は何か。

ブロック：合成燃料は、電動化や水素以上に優れたものではなく、単一の技術が気候目標を達成するための特効薬になることもない。それぞれの技術を、アプリケーション志向で、かつ洗練されたインテリジェントで実践可能な形で利用することだけが、私たちの野心的な気候目標を達成し、地球全体を救うのに役立つ。最終的には、合成燃料の1滴、グリーン水素の1kg、小型車に搭載されるREの1Wが、その助けとなる。

――イーフューエル・アライアンスの活動範囲と今後の計画について教えてほしい。

ブロック：合成燃料のグローバルな生産は、技術の輸出や、他国への

投資、そして価値を生み出す。現地での投資効果を増幅させる効果を分析すると、400TWhの合成燃料の生産は、直接1万8900人、上流サプライヤーとの関係で間接的に25万9800人、最大27万8700人の新規雇用を創出できることが分かっている。これは、アフリカと中東のほぼすべての国、中南米の大部分、アジアの多くの国、オーストラリアとオセアニアの国にも当てはまる。特に経済的に弱い国はこの恩恵を受けるだろうが、現在まだ化石燃料の輸出に大きく依存している国も同様だ。また、モロッコを例にした調査では、合成燃料に1ユーロ（同140円）投資するごとに、現地でさらに12ユーロ（同1680円）の付加価値を生み出すことが分かっている。

　合成燃料の幅広い応用可能性やCO_2削減の可能性だけでなく、特に世界的な生産能力を考慮すると、グローバルなアプローチが必要だ。チリの風力発電機は、ドイツの同規模の風力発電機の約4倍のフル稼働時間がある。そのため、ドイツでは合成燃料の生産はほとんど経済的に成り立たないが、チリでの生産は費用対効果が高いだけではな

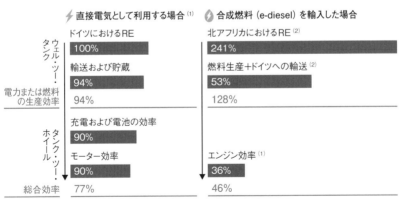

図5-4-1　直接電気としてを利用する場合と、合成燃料を輸入した場合のWell to Wheel（ウェル・ツー・ホイール）の効率比較
北アフリカは、ドイツより日照時間が長く、風速も速いため、1日当たりのエネルギー生産量が多くなる。〔出所：(1) transportenvironment.org、(2) Frontier Economicsを基にeFuel Allianceが作成〕

く、同国の経済成長も促進される。確かに、合成燃料の製造には、直接電気を使う場合よりも多くのエネルギーが必要となる（図5-4-1）。しかし、これは有利な場所での高いエネルギー収量によって補われ、例えば直接電気として利用する場合と比べた電力または燃料の生産効率の差は均等化されることになる。パタゴニアや北アフリカの再生可能な電力は、「輸送可能な」分子に変換することでしか輸入できないことは明らかだ。

──CN液体燃料の普及において、日本やアジア諸国との協力の可能性はあるか。

ブロック：水素やREからの合成燃料を研究している日本の大手自動車メーカーは、政治活動にもっと投資し、欧州であらゆる技術についてより強く主張すべきだ。そうすれば、提案されている2035年の内燃機関禁止を阻止することができる（編集者注：日経新聞の報道によれば、インタビュー後の2023年3月、EUはエネルギー相理事会で2035年以降も温暖化ガス排出をゼロとみなせる合成燃料を使うものに限り、内燃機関車の新車販売を認めることで合意した）。アジア諸国は、欧州のグリーンディールを見習うべきだ。温暖化ガス削減の野心的な目標は、異なるセクターでも定義されるべきだろう。さらに、水素と合成燃料の割当量目標を導入し、投資のきっかけをつくるべきである。

終わりに —「フラグメント（断片）化する世界における技術の多様性の重要性」—

　アーサー・ディ・リトル・ジャパンがこの「カーボンニュートラル（CN）燃料」というテーマに着目し、集中的に投資を始めた数年前は、新型コロナ禍の中で、CNや電動化に一段と注目が集まり始めた時期だった。その後の数年で、CNは世界中の企業および各国政府における経営・政策上の最重要テーマの1つとなり、特に乗用車市場においては、米Tesla（テスラ）や中国・比亜迪（BYD）といった電気自動車（EV）にフォーカスした新興ブランドがけん引する形で、（少なくとも日本の自動車メーカーの）想定以上のペースで電動化が加速している。そうした中でこれまでの強みである内燃機関（ICE）やハイブリッド機構からの重心移動が進んでいない日系メーカーに対する風当たりが強まっている。このタイミングで、今回あえて本書を出版しようと思った我々の課題意識を最後に紹介させて頂きたい。

　結論から言えば、新型コロナ禍が始まる前の2019年初頭に出版した拙書『フラグメント化する世界』（発行：日経BP）の中で課題提起した通り、平成の30年間の世界経済をけん引してきた「グローバル資本主義」が変化点を迎え、市場ニーズそのものが多様化する時代に、技術だけがOne fit all（1つの万能なもの）的な発想で対応可能なのかとの疑問である。すなわち、技術イノベーションはそもそも多様性の中からこそ生まれるものであるはずだ。これが我々の根幹にある課題意識である。

　もちろん、技術をビジネスから利益を生むための手段として割り切る立場を取るのであれば、電動化など特定の技術に一点張りして、選択と集中で技術開発投資の効率を高めることも有効だろう。だが、「Diversity and Inclusion（多様性と包摂）」が大きな経営テーマとして注目されているように、複雑化した事業環境の中では多様性そのも

のがイノベーション創出の源泉として捉えられるようになってきていることも事実だ。

　そうであるならば、本来日本の多くのテクノロジー企業が重要視してきた技術マネジメントにおいても、多様性が重要なはずである。技術だけで社会的なイノベーションが起こせるわけではないが、技術がイノベーション創出の大きなイネーブラー（成功要因）の1つであることに変わりはない。その前提に立つと、CN燃料の普及や社会実装を進めたり、結果として全方位でのパワートレーン戦略を採用したりすることは、技術の多様性を持続発展させるための有効な手段になり得るものであり、我々はそこに本質があると考えている。

　そもそも一点突破型のアプローチは、本来日本企業が得意とする勝ちパターンではない。かつ、マクロに見ても人口減少が続く日本という国自体が、良いか悪いかは別として、世界の中で米中のような基礎的な国力で勝る大国と規模で競争するポジションに居続けられなくなってきている。平成の30年間でグローバル資本主義における勝ち組だった日本の自動車産業が、足元の競争のど真ん中（≒乗用車のEV化）で大負けしない戦略を描くことも重要だが、むしろフラグメント化する世界の中で、自国・自社の強みを生かしてどこで勝つのかという自社の戦略を、もう一段解像度を上げて描くことが本来今必要なことではないだろうか。ここにきて、「Porsche（ポルシェ）」のようなスーパースポーツブランドを持つドイツが、欧州連合（EU）の中で公然と合成燃料（e-fuel）の採用を条件にICE車の残存を主張し始めたのは、スイスの機械式腕時計の歴史に見られるように、分かりやすい実例となろう（編集者注：日経新聞の報道によれば、2023年3月、EUはエネルギー相理事会で2035年以降も温暖化ガス排出をゼロとみなせる合成燃料を使うものに限り、ICE車の新車販売を認めることで合意した）。

さらに日本全体の産業政策でいえば、自動車（乗用車）産業のみが日本として勝ち続けるべき産業ではないかもしれない。実際に二酸化炭素（CO_2）排出量でみれば、乗用車と同等以上に削減が必要となる建機・農機などの産業用車両や、船舶・航空機などの大型輸送機器市場においても、グローバル・ニッチ・トップともいえるユニークなポジションで世界的に競争力を持つ多様な企業が日本には多数存在している。ICEが今後も残存するこれらのニッチ市場で日本がより強い競争ポジションを取れるように考えることも、産業政策的な観点からは今後ますます重要となろう。

　マクロに見たときの日本にとってのもう1つの急所は、結局グリーンエネルギー主体にエネルギーミックスを切り替えていくといっても、エネルギーの完全な地産地消が基本的には難しいという点である。洋上風力発電の大量導入などで再生可能エネルギー（RE）導入量を最大限に増やしたうえで、産業構造や生活スタイルを抜本的に変え、エネルギー消費を自国内で調達・生産できる供給量以内に抑えたり、究極のエネルギーである核融合を含めた核エネルギーの利活用といった異次元の技術イノベーションに賭けたりすることで、エネルギーの地産地消化・完全自給化を目指すというオプションも考えられる。しかし、少なくとも20〜30年のスパンで見ると経済的には現実的なオプションではない。このため、国外から輸入するエネルギーをどのような形態で輸送し、どこで活用していくのがよいのか、という流れの中で、このCN燃料も捉えられるべきだろう。

　改めて企業経営や産業政策的な視点から見ると、CNとは、社会にとって良きことをするという意味でのサステナビリティー（持続可能性）実現に向けた不可欠な要素である。だが同時に、量的な拡大を見込みにくくなった成熟市場の中で質的な変化を起こすための新たな投

資を正当化するための枠組みでもあるといえる。そうであるからには、(それがすべてではないにせよ)投資規模の総量で負けないことも重要である。その意味では、CN燃料についても、これまでの日本の強みであったICEの強みを生かすための「守り」の打ち手として捉えるのではなく、電動化、水素に次ぐ第3の選択肢の具体化に向けた「攻め」の打ち手として捉えて、官民双方からの思い切った開発投資を呼び込むようなシナリオが必要となる。具体的には、第5章のインタビューの中で入交 昭一郎氏が提唱しているような「日本e-Fuel公社」(仮称)構想も傾聴に値するものだろう。

　長年日本の輸送機器メーカーをはじめとする製造業企業を支援してきた弊社から見れば、この「CN燃料」の普及に向けた取り組みは、いわば戊辰戦争のようなものであると感じている。最終的には、皆"散切り頭"で電動車にシフトすることになったとしても、その前に、これまで100年近くかけて培ってきたICEの強みを生かすための可能性を今一度徹底的に追求してみることは、すべての技術を冷静に判断し、多様性の中から最善策を判断するという意味で、決して無駄にはならないはずである。

　本書は、Arthur D. Little(アーサー・ディ・リトル、ADL)の自動車・製造業プラクティスおよびエネルギープラクティスの国内外のメンバーの知見を集め、まとめ上げたものである。忙しい日々のクライアントワークの合間で本書の執筆・製作に協力してくれた関係メンバーおよびメンバーに成り代わり日経BPとの協業を進めて頂いた林 達彦氏には心から感謝を申し上げたい。また最後に、本書の企画の段階から多大な協力・助言を頂いた日経BPの富岡恒憲氏、小川計介氏、木村雅秀氏に深く感謝し、結びとしたい。

2023年6月　鈴木 裕人

■ 著者紹介

鈴木裕人（すずき・ひろと）　**第1〜5章担当**
アーサー・ディ・リトル・ジャパン マネージングパートナー

　自動車、モビリティー、産業機械、エレクトロニクス、化学、その他製造業における全社ビジョ
ン・戦略、事業および技術戦略の策定支援。その他、組織／オペレーション改革、生産戦略、物流
戦略、知財戦略などを担当。また、金融機関・PE（Private Equity）ファンド・総合商社に向けた、
事業性評価、成長戦略策定、事業再生支援や官公庁向け政策立案支援に関しても豊富な経験を持つ。

濱田研一（はまだ・けんいち）　**第1〜5章担当**
アーサー・ディ・リトル・ジャパン プリンシパル

　大手自動車メーカーにて電動車の研究開発に従事した後、日系コンサルティング会社を経て現職。
製造業・自動車業界において、技術戦略・事業戦略構築や、R＆D部門の組織・プロセス改革など
を担当。近年はCASE（コネクテッド、自動運転、シェアード＆サービス、電動化）を踏まえたソ
フトウエア×自動車に関わる技術戦略支援や開発・品保体制改革支援に加え、自動車・農建機など
のカーボンニュートラル化対応に向け官公庁・民間企業問わない戦略支援などに実績。

村松雄太（むらまつ・ゆうた）　**第2〜4章担当**
アーサー・ディ・リトル・ジャパン マネジャー

　大手電力会社において、火力・環境事業部門を経て現職。総合電機、重電などの製造業や、ユー
ティリティー、商社などのエネルギー領域を中心とした事業戦略・新規事業参入戦略・技術戦略の
策定支援および実行支援を担当。近年はカーボンニュートラルをテーマとしたエネルギー領域にお
ける新規事業立案や、脱炭素に向けた経営変革支援などに注力。

占部理裕（うらべ・みちひろ）　**第1〜4章担当**
アーサー・ディ・リトル・ジャパン マネジャー

　輸送機器、産業機械などの製造業企業における事業戦略／技術戦略の策定支援、経営・業務改革
の支援および新規事業の戦略策定／実行支援などを担当。特に最近は、輸送機器、産業機械、電
力・ガス、石油化学産業を中心にカーボンニュートラルなどの変曲点を踏まえた産業・企業・組織
変革を多面的に支援している。

■ アーサー・ディ・リトル・ジャパンについて

Arthur D. Little（アーサー・ディ・リトル、ADL）は1886年、米Massachusetts Institute of Technology（マサチューセッツ工科大学）のArthur Dehon Little（アーサー・デホン・リトル）博士によって設立された世界初の経営コンサルティングファームである。

アーサー・ディ・リトル・ジャパン（ADLジャパン）は、その日本法人として、1978年の設立以来、一貫して"企業における価値創造のあり方"を考え続けてきた。

複雑でめまぐるしい変化にさらされる時代において、企業には、パフォーマンスとイノベーション、競争と共創、人財への投資と技術への投資など一見すると相反するパラダイムの両立が求められており、そこには画一的な解は存在しない。

ADLジャパンは、クライアントとのside-by-side（「横に並んで」「一緒に」の意）の関わり方を徹底し、クライアントの置かれた環境、能力・資源、組織風土を踏まえた固有の「解」を生み出すことを信条としている。様々な専門性を持つコンサルタントが協働し、強みを掛け合わせ、既存の枠組みにとらわれない新たな価値を提案し続けることで、未来の産業・社会に大きな"Difference（相違）"をもたらしていく。

カーボンニュートラル燃料のすべて
電動化、水素に続く第3の選択肢

2023年6月19日　第1版第1刷発行

著　者	アーサー・ディ・リトル・ジャパン
発行者	森重 和春
発　行	日経BP
発　売	日経BPマーケティング
	〒105-8308
	東京都港区虎ノ門4-3-12
装　丁	松川 直也（日経BPコンサルティング）
制　作	株式会社大應
印刷・製本	図書印刷株式会社